U0295762

全国教育科学规划教育部重点课题

建构主义视域下高校本科课堂生态教育实施路径研究
（课题批准号 DIA220382）

江苏大学专著出版基金资助出版

生态教育理论体系的构建及实施研究

杨顺华 韩雪丽 杨海濒 万超 著

上海三联书店

序

　　生态教育近些年来逐渐成为学界的热门话题。生态教育绝非凭空产生，而是因应了时代、历史、人类社会的发展，以及教育自身内在逻辑而生。就前者而言，人类社会经历了原始文明、农业文明、工业文明三个历史发展阶段，目前正由工业文明向生态文明过渡。如果说原始文明是灰色文明、农业文明是黄色文明、工业文明是黑色文明，那么生态文明则是绿色文明。绿色代表了安全、环保、和谐、统一和可持续发展，代表着无限的生机和活力。要建设生态文明社会就必须改变传统工业社会人的生产、生活、行为观念和方式，培养、发展人的生态意识、生态伦理与生态能力，从而适应并推动生态文明社会的实现，如此当然离不开生态教育。就后者而言，随着主导教育演化、发展的认识论由行为主义、表征主义向生成、建构主义过渡和进化，不可避免地撼动了传统教育的根基，带来观念、思想、内容、方式、方法的转变。生态教育及生态文明社会要解决的不仅仅是工业社会带来的人与自然日益尖锐的矛盾冲突及人类社会难以持续发展的危机，还应化解工业化、市场经济带来的人的异化所造成的人与人、人与社会的矛盾冲突和危机，从而实现人的自由、全面、协调、可持续发展，进而带动政治、经济、社会、文化等各方面的转型升级，从而实现生态文明社会。

　　为此，本研究深入探讨了生态文明与生态教育、教育的本真与生态教育的关系、理性主义对教育的影响、非理性主义与教育生态价值的回归、建构主义对生态教育的意义，还对高校生态教育现状进行了分析，对传统教育与生态教育进行了比较，对高校生态教育案例进行了具体、细致的研究，在此基础上提出了高校生态教育实施策略。

本研究的重点主要集中在以下几方面：一是探讨了生态文明与生态教育。该部分从源头上探讨了什么生态、什么是文明，文明与文化的区别，生态文明和生态教育的概念、内涵、性质、特点，在此基础上，重点探讨了生态学对生态教育的影响及启示作用，以及生态文明与生态教育相互间的关系，强调实施生态文明和生态教育的核心就是要实现对工业社会人的异化的超越，克服因人的异化带来的生态危机和社会危机，达到人与自身、人与人、人与社会、人与自然的和谐统一，实现人的自由、全面、可持续发展，实现生态文明社会。

二是探讨了教育的本真与生态教育的关系。该部分创新性地通过理论抽象对教育的价值构成进行了条分缕析，指出教育具有认识价值、科学价值、经济价值、人文价值、社会价值、生态价值及积累知识传承文明的价值，深刻揭示了教育对于人自身、人类社会及世界所具有的无可替代的巨大作用背后的本质。同时提出了教育生态价值观，并认为，在上述诸价值中，生态价值（包括人文价值）应被视为教育基本价值中的核心价值，影响并决定教育其他价值的发挥。构建生态教育理论体系，实现生态教育，就应以教育生态价值观为核心，围绕生态价值观的实现来进行。

三是深入研究了理性主义的起源、发展、成熟及对教育的巨大影响。理性是人类所特有的本质特征，是人与动物相区别的重要标志；理性主义则是人类社会所特有的一种社会文化现象，也是人类社会摆脱愚昧、野蛮迈向文明的重要标志。理性主义对于人类的文明进步作用巨大，也是推动西方科技发展，尤其是现代科学的诞生，以及社会现代化转型的巨大动力。世界其他地区包括中国在内，尽管历史悠久并有着古老的文化，但由于种种原因导致理性主义的极度贫乏，因而迟迟未能诞生现代科学并完成社会的现代化转型[①]。这不能不说是一个莫大的遗憾。理性主义不仅对于人类社

---

① 杨顺华，钱兆华. 科学创新中的文化因素探讨［J］. 江苏科技大学学报（社会科学版），2007，7（3）：6–10.

会的文明进步、对于现代科学日新月异的发展及社会的现代化转型作用巨大，而且与教育更是有着千丝万缕的联系，可以毫不夸张地说，正是理性主义孕育、催生了教育，并像血液一样渗透于教育的各个方面，为教育输送营养、提供动力，全面而深刻地影响教育，推动教育不断发展、转型升级。理性主义对教育的巨大影响主要集中于以下三方面：首先，赋予教育以目的、意义与灵魂；其次，赋予教育以内容；最后，赋予教育以思维方式和方法。从本质上说，教育就是理性主义的具体体现，并且，随着理性主义的不断发展，理性主义一直在为教育源源不断地注入新的活力。无论是传统教育，还是生态教育都无法忽视理性主义对自身发展所起的巨大推动作用。

理性主义在推动教育发展的同时，由于自身存在的先天性缺陷，如重理性因素，轻非理性因素；重外部客观世界，轻人自身精神世界；重科学，轻人文。并且由于对客观世界认识的片面性，以及由上述问题带来的科学至上主义、人类中心主义乃至极端个人主义，不可避免地给教育也带来很大的负面影响，从而阻碍了教育的发展。

四是探讨了非理性主义与教育生态价值的回归。正是由于理性主义存在严重缺陷，非理性主义逐渐发展起来。非理性主义并非反理性主义，更非失去理智，而是19世纪末20世纪初流行于西方的一种哲学思想。其早期代表人物主要有德国的叔本华、尼采和丹麦的克尔凯郭尔等，后来则进化成为存在主义，其影响波及整个世界。非理性主义本质上是对理性主义的一种纠偏与补充。相较于理性主义，非理性主义更加关注人自身、人的内心世界和精神世界，并且认为人对世界及自身的认识不仅要依靠理性，同时，还应依靠非理性的直觉和情绪体验等，这种强调感性体验的主张似乎是又回到了早期的理性主义，实则是人类认知发展的螺旋式上升，表明感性认识在人类认识过程中的作用在后现代时代变得更为重要。不仅如此，依据20世纪初现代科学和心理学的新理论、新发现，非理性主义还认为，世界不仅有确定性、有序性、因果性和必然性，同时还具有非确定性、无序性、模糊性和偶然性。非理性主义不仅拓宽了人类认识对象的领域，同时还增添了人类认识世界的新方式和新方法，使其对于世界的认识更加全面和深刻。正因为此，非理性主义要求教育更加重视人自身，尤其人内心世界和精神世界的发展，人的全面进步，这对于教育生态价值的回归具有积极的意义。

五是探讨建构主义对生态教育的重要意义。建构主义诞生于20世纪80年代，是一种基于现代认识论的教育理论或教育哲学。它强调以人（学生）为本，认为学习是学习者基于自身原有知识结构生成、建构意义的过程，主张学生在教师的引导和支持下，通过情景设置、会话、协作、建构的方式自主生成知识和能力。由于建构主义特别强调学习者的个性、主体性、主动性和创造性，强调学生多方面、全方位、立体化发展，因此，特别契合生态教育要求，对于构建生态教育理论体系，实施生态教育活动具有重要的理论价值及实践意义。

本研究还对高校生态教育现状进行了分析，对传统教育与生态教育进行了全面比较，对高校生态教育案例进行了研究，在此基础上提出了高校生态教育实施策略。如此，使本研究更为丰富和完整，更具有现实针对性，更有利于生态教育的实施。

本研究旨在构建与中国社会新的历史发展阶段相匹配的生态教育理论体系，促进生态教育理论研究的科学化、系统化和深入化，更好地开展高校生态教育实践，改善和优化高校课堂生态，打造生态课堂，增加学生在课堂学习过程的存在感、获得感和幸福感，不断超越自我，实现自身价值，真正得到自由、全面、协调、可持续发展，使自身成为一个既具有各种专业知识和能力、精神健康、品德高尚，同时又具有生态人格[①]的人，进而推动生态文明社会的实现。

从事学术研究是一个"痛并快乐"的过程。每当思路陷入僵局，课题组成员就会有一种"山重水复疑无路"的感觉，焦虑、烦躁、痛苦之感油然而生；然而，通过课题组成员的"会话、协商"，相互碰撞，深入探讨和

---

① 彭立威. 论生态人格—生态文明的人格目标诉求 [J]. 教育研究，2012，392（9）：21-26.

反复思考，找到解决问题的思路时，那种"柳暗花明又一村"的轻松、欣喜、快乐之情又会自然而然涌上心头。这种美妙的体验非经历之人难以感受。这，也许就是上苍赐予辛勤耕耘者的慷慨回报。

在研究过程中，不可避免地要阅读、学习、消化、吸收古今中外大量前人的研究成果，并对之取精用弘。在对前人研究成果、非凡智慧发出由衷赞叹、感到折服的同时，也真切地感到自身的孤陋寡闻与愚钝，正所谓"学然后知不足"（《礼记·学记》），并且，"人的知识就好比一个圆圈，圆圈里面是已知的，圆圈外面是未知的。你知道得越多，圆圈也就越大，你不知道的也就越多。"（古希腊哲学家芝诺语）正是由于深知自己的无知和不足，将鞭策课题组全体成员更加努力、不断奋进。

本书能够顺利完成，研究生做了很大贡献。严子豪、徐梦玉、肖慧方、李珮瑜为问卷设计、问卷调查，数据搜集整理、分析，以及案例研究、部分章节的编撰倾注了很大精力和心血；本书责任编辑殷亚平为本书的出版也做出了很大努力，在此也一并表示衷心的感谢！

限于课题组成员的学识，谬误在所难免，敬请各位方家批评指正。

作 者
2024/11/16

目　录

第1章 绪 论

1.1 研究背景、目的及意义

1.1.1 研究背景

生态教育的出现，绝非凭空产生，而是时代、社会、历史和教育自身发展的产物，主要表现在以下几方面。

1. 生态文明建设的需要

生态文明是继原始文明、农业文明和工业文明之后人类社会出现的第四大文明，生态文明的出现标志着人类社会进入一个新的、更高的发展阶段。确立和大力发展生态文明，意在克服工业文明在规模化、无节制生产创造巨量物质财富的同时，给人和社会带来的异化，以及各种生态危机。这些异化和危机严重阻碍了人自身、人类社会和自然界健康可持续发展。为此，世界主要国家都把生态文明建设提上重要的议事日程，如大力开展环境保护研究，出台环境保护法，成立环保机构加强对污染状况进行检测和管理，出台相关法律法规和政策，迫使高能耗、高污染企业和单位节能减排、加大治污力度，鼓励资本投资低能耗、高效益、绿色环保产品生产，强化宣传环境保护的必要性及相关措施，并积极开展国际间合作，共同保护环境。还有不少国家的民间人士自发组织起来，动员、组织人们共同保护环境，制止破坏环境的行为。政府及民间组织还定期不定期地召开保护生态的国际会议，相互间交流环保经验、展开协调，制定保护生态国际公约。

中国政府高度重视环保问题，党的十八大提出"把生态文明建设放在突出地位，融入经济建设、政治建设、文化建设、社会建设各方面和全过程，努力建设美丽中国，实现中华民族永续发展"。[①]实施生态教育是建设生态文明的关键环节，就是要通过充分发掘和实现教育的生态价值，彻底纠正工业化所造成的人和社会的异化现象，唤醒人的生态意识、培养人的生态伦理、激发人的生态活力，促进人自身自由、全面、协调、可持续发展，并按照保护、有利于生态进化、发展的要求去学习、生活和从事各项活动，从而从根本上实现生态文明。

2."实施科教兴国战略，强化现代化建设人才支撑"[②]的需要

新中国经过70多年，尤其是改革开放40多年的发展，政治、经济、教育、科技、文化、社会各方面都取得了举世瞩目的成就，目前，我国已成为仅次于美国的世界第二大经济体，综合国力和全球影响力也位居世界前列。然而，我国经济社会在取得巨大成就的同时也面临更大挑战。其一，我国经济主要以中低端产品为主，技术含量不高，原创性、高技术、高附加值产品较少，产品附加值较低，可替代性较强。其二，2023年1月17日，国家统计局发布最新人口数据，我国60岁及以上人口29 697万人，占全国人口的21.1%，其中65岁及以上人口21 676万人，占全国人口的15.4%。根据联合国关于老龄化标准，60岁以上人口占人口比重超过20%或65岁以上人口比重超过14%，则认为该国进入"老龄"社会[③]。其三，国际竞争日益加剧。随着中国经济的高速发展，国际地位和影响力的不断提高，西方发达国家对中国的打压、封锁不断加码，从高新技术产品的断供，到出口产品的减少，再到对高新技术专业留学人员的限制，无所不用

---

① 胡锦涛.坚定不移沿着中国特色社会主义道路前进　为全面建成小康社会而奋斗——在中国共产党第十八次全国代表大会上的报告［EB/OL］.（2012-11-13）［2024-03-15］https://www.gov.cn/ldhd/2012-11/17/content_2268826.htm.

② 习近平.高举中国特色社会主义伟大旗帜为全面建设社会主义现代化国家而团结奋斗——在中国共产党第二十次全国代表大会上的报告［EB/OL］.（2024-01-19）［2024-03-15］. https://finance.sina.cn/2024-01-19/detail-inaczvhe0785584.d.html.

③ 60岁以上人口占全国人口超过两成！专家：中国正式步入中度老龄社会［EB/OL］.（2024-01-19）［2024-03-15］. https://finance.sina.cn/2024-01-19/detail-inaczvhe0785584.d.html.

其极。此外，经济周期性调整叠加房地产泡沫的破裂和地方债高企等，导致中国经济社会和综合国力的进一步发展面临重大困难。这些困难如不能及时克服，我国将有可能步拉美国家的后尘，落入中等收入陷阱。要想走出发展困境，"实施科教兴国战略，强化现代化建设人才支撑"是关键。而"实施科教兴国战略，强化现代化建设人才支撑"教育是关键，尤其是高等教育。高等教育是培育各类高质量、高素质、专业化、创新型人才的摇篮。生态教育是在传统工业文明教育基础上发展起来的与生态文明社会共生、共进、共荣的一种教育新形态，它既吸取了工业文明教育的优势，又舍弃其弊端。从科学的生态观出发，依照教育规律，深入发掘和实现教育的生态价值，高等教育重心发生重大转移，由重教变为重学，由只重视外部世界、重视专业知识和技能，变得更加重视人的内心和精神世界，重视人自身、人与人、人与社会、人与自然的和谐与统一，强调人的自由、全面、和谐、可持续发展。即更加重视以人（学生）为本，更加重视激发学生的学习兴趣、内生动力和潜力，更加尊重学生的个性、主体性和创造性，鼓励和支持学生自主学习、自主探究、自主建构知识和能力，更加强调学生意志、情感和人文、道德品质的养成，把学生培养成一个既有专业知识和技能，又有正确价值取向和道德感，心理健康、精神健全，具有生态人格全面发展真正意义上的人。只有这样的人才能适应新时代生态文明社会建设的需要，才能肩负起国家发展和民族振兴的使命，有效应对未来世界的各种挑战；只有这样的人才才有敢为人先，创新创造的能力和素养，从而涌现更多科学家、发明家、企业家、各类杰出人士，实现人力资源素质的全面提高，在我国经济社会的转型升级中大显身手、大有作为，创生出丰富多彩具有世界影响力的思想、理论和科学成果，研发出更多具有原创性、高品质、高技术含量和高附加值的产品和服务，促进我国新质生产力[①]的快速形成，推动我国尽快迈入发达国家行列，实现经济社会的良性发展。

[①]　中央政治局集体学习，新质生产力是啥"力"？［EB/OL］.（2024-02-02）［2024-03-15］. https://baijiahao.baidu.com/s?id=1789701974744210001&wfr=spider&for=pc.

3. 新时代深化教育改革的需要

如上文所说，生态教育是与生态文明社会共生、共进、共荣的一种教育新形态，大力建设生态文明社会离不开生态教育，而要实施生态教育必须深化教育改革。我们在实地调查中发现，高校教师对生态教育概念并不陌生，但多数教师认识不够清晰、深入，更没有内化为自身的教育理念，在日常教学中根据具体情况灵活加以应用。表现为：其一，教育理念陈旧，对教育的本真认识不深，对知识本身及知识生成过程认识不足，教育功利化色彩较浓，过多追求教育的工具理性，缺乏对教育的价值理性的追求，只注重对学生专业知识和能力的培养，却忽视学生作为生命有机体的全面成长；其二，教学设计缺乏创意，不能够很好地体现以人为本和从学生的角度出发，尊重学生在教育过程中的个性和主体性，激发学生的学习兴趣和内生动力，自主学习、自主探究、自我建构知识和能力；其三，专业教育和素质教育相分离，教学内容大多局限于专业本身和教学大纲，很少能够根据学生和教学的具体情况打破专业壁垒和大纲限制，因势利导融合其他专业和向现实社会延伸，向素质教育延伸，从而导致学生知识面狭窄，不能理论联系实际，综合运用知识能力不强，人文素养和创新素养欠缺；其四，教学方法较为陈旧，虽然有不少教师，在教学中采用了以问题为先导、探究式、对话式教学，但缺乏普遍性，且做得不够到位，不能够做到有机结合、举一反三，没有形成1＋1＞2的效果；学生课堂存在感不强，个性、主体性和自主学习愿望没有得到充分尊重，更具生态教育意蕴的情境式教学、体验式教学往往被忽视；其五，教学评价方式单一，重结果轻过程、重客观轻主观，而且主要由教师进行评价，缺少学生的参与……如此等等带有浓厚的传统工业文明特征的教育，与大力推进生态文明建设要求极不相符。因此，必须根据新时代生态文明建设的要求为导向，以与之相适应的哲学、心理学、社会学、生态学、教育学等理论对传统工业化教育进行大刀阔斧的深入改革，推动生态文明教育深入发展。

4. 人的全面发展的需要

工业文明教育是在理性主义、近现代科学技术和市场经济基础上发展起来的。在西方社会，理性主义传统可以说是源远流长。从古希腊出现第一个哲学家泰勒斯起，就宣告了理性主义的诞生。理性主义认为"理性是道德的基础、人和世界的本质"。①古希腊哲学的兴盛、毕达哥拉斯数学学派的形成、欧几里得平面几何的出现、亚里士多德等对形式逻辑的创立，以及天文学的产生和一系列重要发现，大大推动了理性主义的发展，对于拓展人类的思维和表达方式，理性、客观和深入地认识世界起到了关键作用，理性主义对希腊社会的发展与后世欧洲的崛起和现代化转型起到了巨大推动作用。

进入中世纪，欧洲由于西罗马帝国的灭亡，长期陷入了割据混战的局面，加之罗马教廷对人们的思想进行严密的监控，欧洲自古希腊以来的理性主义传统被迫中断。

近代理性主义是伴随着欧洲文艺复兴运动、宗教改革、近代自然科学和工业革命的发展而崛起的，反过来，它又大大推动了文艺复兴运动、近代自然科学和工业革命的深入发展。

理性主义推动了文艺复兴运动和宗教改革的深入开展，彻底砸碎了欧洲中世纪以来套在人们精神上的层层枷锁，把人从神权统治下解放出来，人的创造力像火山爆发一样迸发出来。诚如恩格斯所说："这是一次人类从来没有经历过的最伟大的、进步的变革，是一个需要巨人而且产生了巨人——在思维能力、热情和性格方面，在多才多艺和学识渊博方面的巨人的时代。"②

在理性主义的主导下，以笛卡尔、伽利略、牛顿、莱布尼茨等人为代表创立了通过实验进行科学研究的方法和经典物理学，以及高等数学，奠定了近代自然科学的基础。英国瓦特发明了蒸汽机，英国詹姆斯·哈格里夫斯（James Hargreaves）和爱德华·卡特莱特（Edward Cartwright）分别发明多根纱纺织机和动力纺织机，开启了机械动力代替人工和规模化生产

---

① 李步楼.理性主义与非理性主义［J］,江汉论坛,1995（6）: 62–66.
② 恩格斯.自然辩证法［M］.中共中央马恩列斯编译局译,北京: 人民出版社,1984: 6.

的新纪元。正是在近代科学技术的强力推动下，欧洲工业革命得以爆发，规模化生产得以实现，人类的物质需求得到了前所未有的巨大满足。不仅如此，近代科学技术还推动了欧洲新航路的开辟和大航海的开展，打破了世界各国各地区间的封闭和孤立状态，把旧大陆与新大陆联系在一起，促进了各国和各地区的贸易和交流，以及各方面的文明和进步，世界发展进入了一个新阶段。

欧洲工业文明在生产商品的同时也在生产资本主义生产关系和市场经济，在资本主义市场经济中，理性经济人对利益最大化和超额剩余价值的无限追求，必然会导致原材料、能源的短缺，环境遭到污染和破坏，从而引发生态危机。不仅如此，在资本的控制下，"工人生产的财富越多，他的产品的力量和数量越大，他就越贫穷。工人创造的商品越多，他就越变成廉价的商品。物的世界的增值同人的世界的贬值成正比"①。工人同他生产的产品和他自身的劳动相异化。同时，也与控制他的资本相异化，同消费他生产和提供的产品和服务的人相异化，同他存在其中的社会相异化。

这种异化通过社会价值观也传导到社会各个领域和各个方面，在教育领域，按照马克思的观点，教育首先应该是满足人这个有机体自由、全面、健康发展的需要，而非提供谋生的手段，更非为资本提供榨取剩余价值的工具。然而，在资本主义生产关系中，教育恰恰成为提供谋生的手段和创造剩余价值的工具。在资本的操控下，教育看重的是人的专业知识和技能，看重的是一个人是否能够创造财富和剩余价值，至于学习者在学习过程中身心是否能够得到很好的调适，是否作为人的"本质力量"有了更大的提高和展现，从而有更多的获得感和幸福感，并不重要。学生在学习的过程中，出现了马克思在《1844 年经济学哲学手稿》中所描绘的工人在异化劳动过程中相类似的情况：学习对学生来说是外在的东西，不属于他的本质的东西；是否定自己的东西，他在学习过程中不是感到幸福，而是感到不幸，不是自由地发挥自己的体力和智力，而是使自己的肉体受折磨、精神

---

① 马克思，恩格斯.马克思恩格斯全集：第 42 卷［M］.北京：人民出版社，1979：96.

受摧残。因此，他的学习不是自愿的学习，而是被迫的强制学习。因而，它不是满足学习的需要，而只是满足学习需要以外的一种手段。其实这样的场景不光在资本主义社会司空见惯，就是在其他非资本主义社会，只要存在工业化、市场经济，也会不断上演这样的场景。我们每一个接受过教育的人，是不是对此十分熟悉并感同身受？

这种严重异化了的教育，必然造成其效率低下，更为严重的是，它束缚了人的全面、自由、健康的发展，造成人的非人化、工具化和物化，造成人的异化和畸形发展。

本书认为，中国的生态教育就是要以党的"推动生态文明建设""高等教育高质量发展"为引领，以"马克思主义异化理论及人的发展理论"为指导，以生态文明为核心，从教育的本真（本质、真相）出发，运用理性主义、非理性主义、建构主义等理论，深入剖析工业文明时代教育存在问题的根源，充分发挥教育的生态价值，克服当今教育中存在的种种异化现象，恢复教育的本真，使学生在教育教学过程中获得应有的主体地位，意志、愿望得到充分尊重，个性得到充分的张扬，从而焕发生命的活力，不断超越自我，实现人生价值，真正成为一个如马克思所说的，占有自己全面本质的"完整的人"。

1.1.2　研究目的和意义

1. 研究目的

（1）构建与中国社会新的历史发展阶段相匹配的生态教育理论体系

生态教育理念是在 20 世纪 70 年代后工业文明背景下产生和发展起来的，主要是针对当时工业化国家为谋求利益最大化和极度追求物质生活，疯狂开采和掠夺自然资源，无节制地向地球排放各种污染，造成自然资源匮乏，环境污染日趋严重，各种极端天气和自然灾害频繁出现，为了有效保护环境，阻止生态危机的进一步发展，人们把目光投向了高等教育，世界各国很多高校先后开设了生态环境保护相关专业，开展了对生态环境保护的教育与研究工作，生态教育一词开始频繁映入人们的眼帘。由此可见，生态教育是伴随环境科学的诞生而诞生，是为应对自然生态危机的爆发而存在的。然而，随着时间的推移，学者们逐渐意识到，生态教育概念不仅适用于生态学和环境科学，同样也适用于教育本身。于是，生态教育从作为宣传保护生态环境的概念，逐渐向其本体回归，生态教育的概念被重新定义，内涵被不断修正，其新的性质、特征不断被揭示，在教育学上的巨大价值和意义也在不断地显现。这些都为以后生态教育理论研究和实践奠定了坚实的基础。

但是，由于国内有关生态教育理念被推出的时间并不长，始于20世纪90年代，真正引起人们高度关注是党的十七、十八大之后10多年时间，因此，学界有关生态教育理念还未完全确定，系统框架还未真正成型，其内涵、价值、目的、意义及如何实施还有待探讨、明确和深化。并且，该理念具有很强的动态性，随着生态文明建设实践的发展而不断变化。本书的目的之一，就是要构建与新时代生态文明建设历史发展阶段相匹配的生态教育理论体系，弥补学界这方面的不足。

（2）改善和优化高校课堂生态，打造生态课堂

通过问卷调查发现，目前我国高校课堂生态总体上还停留在传统工业文明时代，存在各种异化现象，离建设生态文明社会，培养自由、全面、协调、可持续发展人的要求，还有很大差距。本书目的之二，就是要以建设生态文明社会为目标导向，综合运用理性主义、非理性主义、建构主义和生态学等相关理论，改善和优化高校课堂生态，打造生态课堂，探索一条切实可行的生态教育路径，恢复教育本真，把师生从教育异化的状态中解放出来，提高学生在课堂教学过程中的自我存在感、超越感、获得感和幸福感，更好地促进其自由、全面、协调、可持续发展，实现高等教育的高质量发展。

（3）推动生态文明社会的实现

通过改善和优化高校课堂生态，克服传统工业文明社会高等教育中存在的种种异化现象，构建生态课堂，从而唤醒学生的生态意识，培养其生态伦理、激发其生态活力，自觉践行生态文明的原则，按照生态伦理要求

约束自身的行为，使自己真正成为一个促进生态文明发展，推动生态文明进步具有生态人格的人，从而实现生态文明社会。这是本书的第三个目的，也是终极目的。

2. 研究意义

本书对于推动高等教育由传统工业文明教育向新时代生态教育转型具有重要的理论意义、实践意义和社会意义。

（1）理论意义

其一，明确了生态教育的内涵。关于生态教育的内涵，在我国学界一直处于一个不断发展变化的过程之中。最早的生态教育内涵，等同于环境教育，即保护生态环境的教育。如有学者提出生态教育是"旨在培养人的生态自觉和生态能力的教育"①。也有学者认为生态教育是将生态学原则渗透到人类的全部活动范围中，用人和自然和谐发展的观点去思考和认识问题②。还有学者指出生态教育旨在培养具有生态意识、生态道德和生态能力的新型劳动者，推动人类社会向更高层次的生态社会演进③。此外，有学者将教育学与生态学结合起来，提出教育生态学的概念，认为"教育生态学是研究教育与其周围生态环境（包括自然的、社会的、规范的、生理心理的）之间相互作用的规律和机理的科学"④。还有学者提出未来教育的方向是生态化，应建立符合生态规律的新型教育系统⑤。21世纪初，生态教育内涵的研究逐步丰富和深入，有学者指出："生态教育不能只考虑或定位于智力、智慧教育，必须同时进行情感教育。"⑥也有学者指出："生态学既是一种科学思维方法，也是一种世界观和方法论。生态教育是一种现代教育的

---

① 杨东.生态教育的必要性及目标与途径 [J].中国教育学刊，1992（4）：38–39.

② 邢永富.世界教育的生态化趋势与中国教育的战略选择 [J].北京师范大学学报：社会科学版，1997（4）：70–77.

③ 方创琳.论生态教育 [J].中国教育学刊，1993（5）：23–25.

④ 吴鼎福，诸文蔚.教育生态学 [M].南京：江苏教育出版社，1990：2–3.

⑤ 马歆静.生态化与可持续发展——现代教育发展的必然 [J].教育理论与实践，1998（5）：2–7.

⑥ 周海瑛.关于生态教育和培养问题的思考 [J].黑龙江高教研究，2002（3）：111–113.

整体视野和系统思维。"① 还有人认为："生态教育，即顺应人的自然发展规律，遵从教育教学规律以及将生态学思想、理念、方法等融入教育教学过程中，培养人的思维及综合能力发展。"②

本书在综合前人研究的基础上，特别是在深入研究了生态文明与生态教育，生态学与生态教育关系等的基础上，明确提出："生态教育是生态文明在教育领域的具体体现，是以科学的生态观和教育观来认识、开展教育，使受教育者得到自由、全面、协调、可持续发展，并推动生态文明在全社会全方位得以实现。"

生态教育是与生态文明建设共生、共进、共荣，相互影响、相互促进的教育，它不仅能够更好地促进人自身自由、全面、协调、可持续发展，而且，还能够更好地促进人与人、人与社会、人与自然的和谐共存，共同发展，真正实现古代先贤所期盼的"天人合一""民胞物与""仁者与万物一体""万物并育而不相害"。

其二，深化了生态教育的内容。本书不只关注教育与自然生态之间的关系，关注如何通过教育启发学生的生态意识、生态自觉和生态能力来保护生态，保障人类的可持续发展。本书认为，生态危机之所以会爆发，根源在于人自身及社会都出现了危机，在理性主义、近代科技、工业文明和市场经济的共同推动下，原本就存在于西方社会的人类中心主义得到了前所未有的强化，人不光如康德所说"是目的"，是世界存在的意义和万事万物价值评判的尺度，而且，成了自然界的主宰，可以随意征服和占有自然界。人本来源于自然界，是自然之子，现在却成了自然界的征服者和统治者，成为自然母亲异己的力量，人与自然的关系发生异化。不仅如此，在资本主义生产关系和市场经济中，工人在资本的控制下，工人同他生产的产品和他自身的劳动相异化、同他的类本质相异化，同时，也与他人、与他生存的社会相异化。因此，要避免生态危机，实现人类社会的永续发展，

---

① 黄志成. 国际教育新思想新理念 [M]. 上海：上海教育出版社，2009：203.
② 门佳璇. "生态教育"的路径探析 [D]. 长春：吉林大学哲学社会学院，2018.

首先，必须解决人自身的异化问题，人与人之间、人与社会之间的异化问题。必须通过生态教育，尤其是高校生态教育实现人自身的自由、全面、协调、可持续发展，这样才能从根本上缓解乃至消除人类社会与自然关系恶化所造成的严重生态危机，实现人类与自然的和谐相处、均衡发展和生态文明，保障人类的永续发展。

其三，丰富了生态教育的研究方法和视角。将理性主义、非理性主义、建构主义、生态学，以及马克思主义异化理论和人的发展理论、发生认识论、人本主义心理学等，引入高校生态教育研究，以多视角、多维度、立体化的方式审视生态教育，对于拓展生态教育研究思路，丰富生态教育研究方法具有重要意义。

（2）实践意义

本书在构建生态教育理论体系的基础上，着力改善和优化高校本科课堂育人环境，打造全新生态课堂，探索生态教育实施路径，对于克服传统工业文明高等教育的异化现象，增加学生课堂教育的自我存在感、超越感、获得感和幸福感，培养自由、全面、协调、可持续发展的高素质创新型人才，实现高等教育高质量发展具有重要的实践意义。

（3）社会意义

本书对于推动新时期生态文明建设迈上新台阶，实现生态文明社会，保障人类社会永续发展也具有重要社会意义。

1.2　研究对象

本书以生态教育为研究对象，构建生态教育理论体系，探索高校生态教育的实施路径，实现高等教育生态化，助力生态文明社会之建设。本书以中央"推动生态文明建设"和高等教育高质量发展精神为指导，以理性主义、非理性主义、建构主义、生态学，以及马克思主义异化理论及人的发展理论、发生认识论、人本主义心理学等为理论基础，在对生态教育的内涵、特征、目的、意义，与生态文明的关系，以及对目前高校生态教育现状进行问卷调研，对生态教育典型案例深入研究的基础上，对传统高校课堂生态进行改良和优化，打造符合生态教育目标要求的生态课堂，探索切实可行的高校生态教育实施策略。

1.3　研究思路和方法

1.3.1　研究思路

本书按照"理论体系构建—现状研究—比较研究—案例研究—策略研究"的总体思路进行，主要内容如下：

1. 理论体系构建

（1）生态文明与生态教育

生态文明是指把人、人类社会及自然作为一个完整的生态系统，以人自身、人与人、人与社会、人与自然和谐共处、良性循环、全面可持续发展为基本宗旨的社会形态；是人类遵循人、社会、自然和谐发展这一客观规律而取得的物质、制度与精神成果的总和。

生态教育是生态文明在教育领域的具体体现，是以科学的生态观和教育观来认识、开展教育，使受教育者得到自由、全面、协调、可持续发展，并推动生态文明在全社会全方位得以实现。

生态文明和生态教育二者之间既关系密切、相互依赖、不可分割；又相互独立、自成一体、各自发展。说它们关系密切，是因为二者存在总体与局部的关系。生态文明包含了生态教育，生态教育是生态文明的一个重要组成部分。实现生态文明离不开生态教育，离开了生态教育生态文明就难以实现；同样，生态教育也离不开生态文明，生态文明为生态教育规制了价值导向和伦理规范，要求以生态文明的观念来培养人，把人培养成一个自由、全面、和谐、可持续发展适应现代生态文明社会的人。没有生态文明就不可能有生态教育。

生态文明和生态教育又都有其自身的发展规律。生态文明除了离不开生态教育，它还离不开经济、制度、文化、科技发展和生态环境建设。只有大力发展经济建设，才能为生态文明提供雄厚的物质基础；只有大力推动生态文明的制度建设，才能确保生态文明建设落到实处；只有大力促进生态文明文化建设，才能树立生态文明建设正确的价值观，使之成为全社会的自觉行为；只有努力提高科技发展水平，才能采取更高效、更环保的发展方式和更有效的环境治理。生态文明建设是一个庞大而复杂的系统工程，需要各方面协调与配合。

生态教育，一方面需要遵循生态文明发展的要求；另一方面，从根本上来说还是教育，其发生、发展还必须严格遵守教育规律，同时，必然会受到各种文化思潮，尤其是哲学、心理学等的影响。因此，构建生态教育理论体系，实施生态教育，完善课堂生态，打造生态课堂，离不开对教育本真（本质、真相）的研究，离不开对教育规律和理论的研究，离不开对相关哲学、心理学、社会学等的研究。只有从不同视角、不同层面，多维度、立体化深入探讨生态教育，才能弄清其本质、特点和规律，构建符合新时代要求的生态教育理论体系，推动生态教育深入发展。

无论是生态文明还是生态教育，其核心都是人，都是由人来实施，为人服务的，最终都要统一、落实到人上，也只有通过人才能将二者统一起来。人既是生态文明和生态教育的主体、推行者，同时，又是其受益者。实行生态文明和生态教育就是要实现对工业社会人的异化的超越，从而达到人与自身、人与人、人与社会、人与自然的统一。

（2）"教育的本真"及与生态教育的关系

本书认为教育的本真（本质、真相）主要体现在其价值构成上。教育具有多重价值，如科学价值、经济价值、人文价值、社会价值、生态价值和积累知识、传承文明的价值等。在教育的诸价值中，生态价值（包括人文价值）应视为教育最基本、最核心的价值，它决定并影响着其他价值的发挥。构建生态教育理论体系、打造生态教育课堂，就是要紧紧围绕充分发掘和实现教育的生态价值来进行，在此基础上更好的发挥教育的其他价值，实现教育的本真，从而达到实现生态教育的目的。

对教育本真的研究既是构建生态教育理论体系的出发点，也是其归属和终点，回归教育的本真，就要充分发挥以教育生态价值为基础的教育各项基本价值，充分实现生态教育，实现人的自由、全面、和谐和可持续发展。

（3）对理性主义及与生态教育关系的研究

理性主义长期存在于西方世界，最早可以追溯到古希腊，其哲学、逻辑学、数学、几何学和天文学等都是理性主义的杰出代表。理性主义推崇理性、崇尚科学、重视逻辑思维、相信知识的力量①，认为世界尽管表面上瞬息万变、混乱不堪、难以捉摸，实则事物自身的发展变化、事物与事物之间存在因果关系、必然性和有序性。只要透过事物的现象，深入其本质，把握其发展、变化的规律，世界是可以认识的。理性主义对后世欧洲的文艺复兴、人文主义的兴起、近代科学的诞生与兴盛、工业革命的爆发和整个西方世界的现代化转型都起到了巨大的推动作用。

理性主义与教育（包括生态教育）更是有着千丝万缕的联系，它就像血液一样渗透到教育的方方面面。理性主义不仅孕育、催生了教育，而且赋予了教育以目的、灵魂、内容、思维方式和方法，并且随着理性主义自身的发展不断给教育注入新的生机与活力。可以毫不夸张地说没有理性主义就不可能有教育，尤其是现代教育。理性主义尽管对个人和人类社会，甚至整个世界影响巨大，但因自身也存在严重局限，不可避免地会给人类和世界带来前所未有的负面影响，给教育带来负面影响，造成人的异化、社会的异化、人与自然关系的异化，以及教育的异化。这就促使了非理性主义应运而生。

理性主义对于培养学生的理性思维、逻辑思维和抽象思维，改善人的知识结构、智力结构，培养理性的人具有无与伦比的作用；而对改善人的心理结构、精神结构，培养德智体美劳全面发展的人的作用则相对不那么明显，甚至带有较大的负面影响，关于此问题正文中将会详细阐释，在此不再赘述。总体而言，其对生态教育理论体系的构建具有重要作用。

---

① 李步楼. 理性主义与非理性主义［J］，江汉论坛，1995（6）：62–66.

（4）对非理性主义及与生态教育回归的研究

需要强调的是，非理性主义与理性主义尽管有相对立、否定理性主义之处，但非理性主义并非反理性主义，彻底否定理性主义。而是对理性主义的一种纠偏和补充，是对理性主义的一个重大发展。

针对理性主义重物不重人，只重视外部世界，重视科学理性，重视世界的必然性、因果性、秩序性和稳定性，非理性主义更强调人自身、人的内心世界和精神世界，更强调"人的意志、本能、情感、内心体验和直觉等非理性因素的作用"①，更强调"世界的偶然性、无序性、非确定性和非稳定性方面"②。

非理性主义是在传统的理性主义面临严重危机并给人类带来一系列灾难的情况下逐渐在西方流行起来的，它对于弥补理性主义存在的不足，为人类更全面、更深入地认识世界，认识人类自身，尤其是人的内心世界和精神世界，促进人的知识结构、智力结构与心理结构、精神结构，甚至是生理结构共同发展提供了诸多重要启示。对促进教育价值的回归起到不可或缺的作用。

（5）对建构主义及与生态教育关系的研究

建构主义诞生于 20 世纪 80 年代，其影响遍及世界主要国家。本书认为，建构主义最有价值之处在于它确立了学生在教育过程中的主体地位。建构主义认为认知主体（学生）在认识世界的过程中不是一个被动接受的过程，而是一个通过活动（实践）与外部世界互动，积极主动认识、把握世界的过程。在这一过程中认知主体原有的知识、经验和主观感受即认知结构起到了举足轻重的作用。认识客观事物和世界，获取、掌握和创造知识的过程其实就是一个不断改善自身认知结构，提高自身认知能力，赋予外部世界以意义，自我建构的过程。因此，在教育的过程中，必须树立以人（学生）为本的观念，充分激发学生的学习兴趣和内生动力，通过师生

---

① 李步楼.理性主义与非理性主义［J］,江汉论坛，1995（6）：62–66.
② 同上。

之间、生生之间相互对话、合作，促使其自主学习、自主探究、自我建构知识和能力，充分实现自身价值，达到全面发展的目的。

建构主义深受理性主义、非理性主义、存在主义哲学、发生认识论等的影响，是一种内容丰富、系统性强的教育理论或教育哲学，其很多观念与生态教育观念不谋而合，因此，建构主义成为生态教育最重要的理论支柱有其必然性。

构建生态教育理论体系，实施生态教育，完善课堂生态，打造生态课堂，离不开对生态文明、教育本真（本质、真相）的研究，离不开对教育规律和理论的研究，离不开对相关哲学、心理学、社会学等的研究。只有从不同视角、不同层面，多维度、立体化深入探讨生态教育，才能看清其本质、特点和规律，构建符合新时代要求的生态教育理论体系，推动生态教育深入发展。

综上，本书以党的"推动生态文明建设""高等教育高质量发展"为引领，以"马克思主义异化理论及人的发展理论"为指导，从生态文明与生态教育关系的研究出发，围绕教育核心价值——教育生态价值，研究了生态文明、理性主义、非理性主义、建构主义以及发生认识论、人本主义心理学等对生态教育的影响和促进作用，构建多视角、多维度、立体化生态教育理论体系。

2. 现状分析

本书通过设计调查问卷，对不同学校、不同专业普通高校教师及本科生进行调查，结果显示，尽管高校教师对生态教育概念并不陌生，但多数教师认识不够清晰、深入，更没有内化为自身的教育理念，也没有在日常教学中根据具体情况灵活加以应用。高校课堂仍然存在种种异化现象，课堂生态不够优化，学生学习的主体性、个性、创造性没有能够得到充分的尊重和激发，学习的积极性普遍不高，在学习过程中缺乏应有的自我存在感、超越感、获得感和幸福感，离生态教育的目标和马克思所期望的人的自由、全面、健康的发展还有较大距离。因此，有必要对高校课堂生态进行系统性的改革和优化。

3. 比较研究

分别从认识论、知识观、教育主体、思维方式、教育重心和评价方式六个方面剖析传统工业文明教育与生态教育的差异。关于认识论，前者依据的是机械唯物主义（或曰表征主义）认识论；后者则是康德现代认识论、马克思主义实践认识论和皮亚杰的发生认识论等。关于知识观，前者认为知识具有客观实在性、确定性、唯一性、真理性和表征性；后者则认为知识不仅具有客观性，还具有不确定性、主观性和生成性，等等，此外，还有属于纯粹个人知识的默会知识。关于教育主体，前者认为是教师，后者则认为是学生。主体的不同导致二者课堂表现和教学效果完全不同。关于思维方式，前者侧重理性思维、分析思维、逻辑思维和抽象思维，后者除包括前者外，还强调非理性思维、感性思维、内心体验、本能、直觉和顿悟等；关于教育重心，前者重教轻学、重理论轻实践、重智力轻体力、重知识专业轻文化素质等；后者两者并重。关于评价方式，前者的评价方式主要为对错评价、结果评价、单一评价、客观评价和教师评价；后者除了前者以外，还注重过程评价、主观评价和学生自身参与评价。

通过对比清楚地表明，生态教育能够使师生关系更科学、合理；学生真正成为教育的主体、课堂的主人；能更好地激发学生的学习兴趣、内生动力和学习潜力；使其真正掌握知识、提升智慧和能力；充分实现其个性和自我价值；在道德修养、审美情趣和人文素质方面得到了全面提升。通过比较，清楚地揭示了生态教育能够促进学生自由、全面、协调、可持续发展的内在逻辑。

4. 案例研究

本部分从生态教育课堂四大要素"情境""协作""会话"和"意义构建"出发，借鉴国外生态教育经典案例和文献，结合不同专业不同课程各自的特点，设计和开发了适合我国高校本科课堂财务会计、财务管理、审计和金融学的教学案例，展示了高校生态课堂师生关系、生生关系、教学目的、教学方法、评价方式、教学过程，以及如何充分发挥学生在学习过程中的个性和主体性，激发其学习兴趣和潜力，在教师指导和帮助下，自主建构知识和能力，从而满足其好奇心、求知欲、成就感，促进其自由、全面、协调、可持续发展，实现高校课堂生态教育。

5. 策略研究

在明确生态教育的内涵、目的、特征、要求等基础上，应从以下几方面打造符合新时代生态文明建设要求的生态课堂：①创新教育理念，明确生态教育发展方向；②构建新型师生关系，奠定生态教育基础；③创设具有启发性的教学情境，激发生态教育活力；④注重因材施教，提升生态教育品质；⑤强化活动意义，开发生态教育综合育人功能；⑥促进专业教育与素质教育融合，丰富生态教育内涵；⑦运用多元评价方式，赋能生态教育高质量发展；⑧大力推进数字化教学，实现生态教育现代化转型。

研究思路及技术路线见图1。

1.3.2 研究方法

1. 文献研究与问卷调查相结合

对理性主义、非理性主义、建构主义和生态学，以及马克思主义异化理论、人的全面发展理论、实践认识论、发生认识论、人本心理学等相关理论进行深入、系统的研究，在此基础上，构建与新时代发展相匹配的生态教育理论体系。对高校本科课堂进行、师生问卷调查，全面、深入了解高校课堂生态教育现状及对学生自由、全面、协调、可持续发展所造成的影响。

2. 案例研究与综合归纳相结合

结合国内外生态教育经典案例，研究设计了打造生态课堂，实施生态教育，促进学生全面成长的本科案例。通过对前期研究成果进行综合研究归纳，提出实施生态教育的具体策略。

3. 比较研究法

通过对传统教育与生态教育在认识论、教育主体、教育重心、思维方式、知识观和评价方式六方面的比较研究，揭示了生态教育赋能人才全面成长的内在逻辑。

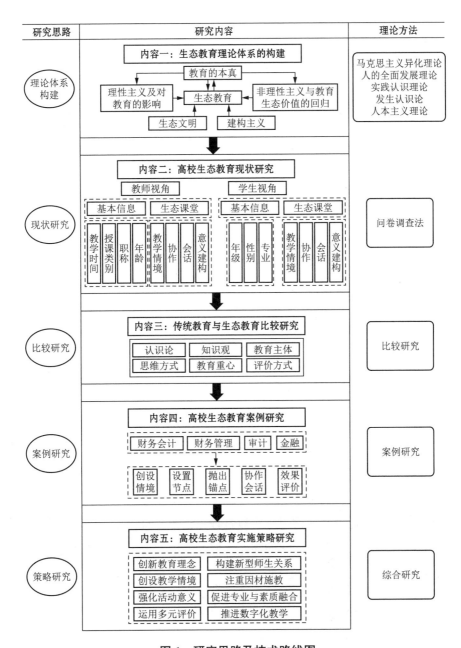

图 1 研究思路及技术路线图

1.4 研究创新之处

1. 理论创新

通过对教育本真的深入研究，揭示了教育所具有的复杂价值构成，包括认识价值、科学价值、经济价值、社会价值、生态价值和积累知识传承文明的价值等。本书认为，在教育的基本价值构成中，生态价值是最核心的价值，它影响并决定其他价值的发挥。这样的观点可称为"教育生态价值观理论"。它对于人们全面、深刻地认识教育的本真，认识教育的价值和作用，进而充分发挥教育各方面的价值具有重要意义。

2. 观念创新

本书在综合前人研究的基础上，特别是在深入研究了生态文明与生态教育，生态学与生态教育关系等基础上，创新性地提出"生态教育是生态文明在教育领域的具体体现，是以科学的生态观和教育观来认识、开展教育，使受教育者得到自由、全面、协调和可持续发展，并推动生态文明在全社会全方位得以实现"。该定义不仅科学界定生态教育概念的内涵和外延，而且将中央推动生态文明建设的目标融入其中，同时也契合当下教育发展的方向，具有重要的理论价值和现实意义。

3. 方法创新

从理性主义、非理性主义、建构主义、生态学以及发生认识论、人本主义心理学、马克思主义异化理论和人的发展理论等与生态教育的关系出发，将传统教育与生态教育相比较，经典理论与现实案例相结合，多角度、全方位、立体化来研究和构建生态教育理论体系，打造生态课堂，具有研究视角和方法论上的创新。它能够使人们既能从理论上又能从实际中，既能从宏观角度，又能从微观层面，全面、深入、具体地认识和把握生态教育的内涵、本质、特点和规律，从而更好地实现教育生态价值，实现生态教育。

第 2 章　生态文明与生态教育

"生态文明与生态教育"是本书的核心内容之一，构建生态教育理论体系离不开对生态文明及生态教育的深入研究。本章将分别论述生态文明、生态教育的概念、内涵及二者间的相互关系，以及生态学对生态教育的启迪，揭示生态教育对于改革传统工业文明教育观念，构建符合新时代发展要求新的教育理论体系，优化课堂生态，培养自由、全面、协调、可持续发展具有生态化人格的新型人才，以及建设生态文明社会所具有的重要价值。

2.1　生态文明

要深刻理解和准确把握生态文明，首先必须深入了解"生态"和"文明"这两个概念及内涵。

2.1.1　何谓生态

根据生态学的定义，生态就是指生物的生存状态，以及生物之间和生物与环境之间密不可分的关系。其实，生物之间也相互构成环境，环境又决定了生物的生存状态，因此，也可以说生物生长的环境就是生态。需要说明的是，纯粹的环境并不构成生态，只有与生物发生紧密关系，并对其生存、发展发生作用，对其生存状态产生影响的环境才能成为生态。

"生态"一词源自希腊语"oikos"，它有两个主要的意思，一个是"住所"，另一个是"生态"。"生态"可以视为"住所"这个词的引申义，人所居住的环境谓之"住所"；生物居住的环境就谓之"生态"。在古希腊，这个词既可以用来指代物理意义上的房屋，也可以用来指代建立在亲缘上的社会关系，包括财产和奴隶；该词还包括了家庭的宗教祭祀仪式，它是人、物、仪式及相互关系的综合体。此外，在其他的语境中，"oikos"还有"生态"的意思，强调自然环境和生态系统的平衡与和谐。这种词的多义性及之间的相关性正反映了古希腊文化和哲学对自然和人类社会丰富而深刻的认识；同时，也反映了"生态"对于人类生活的重要性。

正因为此，在人类的发展过程中，形成了一门对人类自身、人类社会和自然界发展具有重要意义的学科——生态学，并且，其重要性正日益显现。所谓生态学是"研究生物与环境之间，以及生物与生物之间相互作用规律的一门科学"。[①]它不仅对于人们深刻认识和把握各种生态现象及其规律，提高劳动生产率，保护生态环境，促进可持续发展具有重要意义；而且对于包括政治、经济、社会、文化、科技、教育等在内的各种人类活动都具有重要的启示作用。关于生态学对生态教育的启迪，本书将在下文讨论。

2.1.2 何谓文明

文明是指人类文化创造中的积极成果，它反映了人类社会发展的程度，表征着一个国家、民族的经济、社会和文化的发展水平与整体状态[②]。

文明具有以下几方面的内涵：首先，文明是人类创造的产物。文明总是与人类的活动联系在一起的。纯粹的自然现象和事物是自然界运动变化的结果，无所谓文明或不文明。而文明则是人类实践的产物，只有人类的活动及其创造，才能谈得上文明。换言之，并不是任何事物都可称得上文明。其次，文明是人类文化活动中的积极成果。这是相对于文化而言的，

---

① 沈显生.生态学简明教程［M］.合肥：中国科学技术大学出版社，2012：1.
② 丰子义.生态文明的人学思考［J］.山东社会科学，2010，179（7）：5-10.

文化是人类在实践中创造的各种思想观念和精神产品的总和，其中既包括积极的成分，也包括消极的成分。而文明则是指文化中的积极成果，特指文化中的精华。正因为此，厦门大学易中天教授认为，文化存异，文明求同。美好的东西是全人类共同的追求。最后，文明是标志社会进步程度的概念，它是与野蛮、愚昧相对的。先进的文化具体表现在人的思想、道德、行为方式、器物产品中共同构成人类的文明。文明发展的不同程度，既体现了文化发展的不同水平也体现了一个国家、民族社会发展的不同水平。文明是人类社会、文化发展到一个较高的水平或阶段的标志或产物。

2.1.3　生态文明的背景、概念和内涵

1. 背景

生态文明是在理性主义盛行、近现代科学技术高速发展、科学至上主义甚嚣尘上，市场经济在全球范围内迅速扩张，工业化从 3.0 向 4.0 跨越的过程中提出的。工业化 3.0 至 4.0 在现代高科技、市场化和全球化三台大功率发动机的加持下一飞冲天。它在给人类社会带来空前繁荣的同时，也带了严重的物质至上主义，对物质的无限追求已成为整个人类社会的核心。在对物质财富疯狂追求的过程中，由于生产方式的粗放，生态、环保意识的缺失，不可避免地导致了自然资源的浪费和紧缺，环境污染严重。其后果是能源价格飙升、气候变暖、酸雨数量激增、荒漠化扩大、极端天气频发、生态失衡造成的突发性病毒肆虐，发展难以为继，人类面临日益严重的生态危机。

此外，在资本的控制和市场的推动下，造成了人及社会异化现象严重。并且，由于冷战加剧，地区性热战持续不断，第三次世界大战及核战争犹如达摩克利斯剑始终高悬于人类头顶，对人类安全和生存构成威胁，加之社会转型带来的信仰丧失、人员流动性加剧、经济危机频繁爆发，造成了现代人的精神迷茫、情感冷漠、文化感归属感淡漠、虚无感增强。现代人在获得巨大物质利益的同时，却失去了灵魂和信仰，失去了强大的精神支柱，产生了严重的"精神危机"。这种"精神危机"在其他多种因素，如失

业率过高、贫富分化不断加剧、社会不公日益显现等共同作用下往往又导致了严重的社会危机。

正是在这样一个极其复杂的世界历史背景下，人类迫切需要通过一种新的文明来修复乃至更新、升级原有的工业文明，彻底摆脱其所造成的包括人的异化在内的各种异化与危机，将整个人类社会提升到一个新的发展阶段。

2. 概念及内涵

何谓"生态文明"？生态文明是指把人、人类社会及自然作为一个完整的生态系统，以人自身、人与人、人与社会、人与自然和谐共处、良性循环、全面可持续发展为基本宗旨的社会形态；是人类遵循人、社会、自然和谐发展这一客观规律而取得的物质、制度与精神成果的总和。

生态文明有微观和宏观之分。从微观的角度来看，生态文明是社会文明的一个组成部分，是与物质文明、精神文明、政治文明并列的第四种文明，与后三种文明一起共同支撑起现代社会的大厦。其中，物质文明为现代社会奠定雄厚的物质基础，政治文明为现代社会提供良好的社会环境，精神文明为现代社会提供价值引领和伦理支持，生态文明则为现代社会的可持续发展保驾护航。

从宏观的角度来看，生态文明则是人类社会的一个发展阶段。该观点认为，人类已经历了原始文明、农业文明和工业文明三个发展阶段，目前在对工业文明带来各种危机、在对自身发展与自然关系深刻反省的基础上，即将迈入一个新的生态文明发展阶段，试图通过建设生态文明来彻底解决或缓解工业文明带来的严重问题。如果说原始文明是灰色文明，农业文明是黄色文明，工业文明是黑色文明，那么，生态文明则是绿色文明。绿色代表了安全、环保、和谐、宁静、和平和可持续发展，代表着生机和活力。

无论是微观还是宏观的生态文明，其概念、内涵、价值取向、追求的目标都是一致的，具有丰富而深刻的内容。首先，在价值取向和文化建设上，工业文明在人类中心主义、科学至上主义的主导下，认为人是自然的主人，可以凌驾于自然之上。为了自身的利益，人类有权任意支配、肆意开采、破坏自然，向自然界排放各种垃圾及有害物质。自然万物为了人类可做出任何牺牲。这种畸形的价值观是造成生态危机的根源，建设生态文明的首要任务就是纠正这种畸形的价值观。生态文明价值观认为，人是自然之子，源于自然，与自然母亲有着不可分割的千丝万缕的联系。人的生存、发展也都须臾离不开自然，自然状况的优劣关乎人的生存状况。因此，人要敬畏、尊重和爱护自然，要努力培养人的生态意识、生态伦理和生态能力，能够与自然和谐相处、良性互动、共同发展。

其次，在发展模式上，生态文明不是不要经济发展，经济发展是人类发展的物质基础，没有经济的发展就不可能有社会和人类的总体发展。生态文明倡导的是可持续发展，它要求改变以往"高投入、高消耗、高污染"粗放的生产和追求奢华、过度的消费模式，实行低消耗、清洁、高效和适度、文明的生产、消费模式。要求在生产、生活中遵循"3R"原则，即减量化、再使用和再循环原则。并且，可持续发展不仅是经济数量的增长，还是经济质量的提高；不仅是经济的全面发展，还是人自身、人类社会和自然界的全面发展；不仅是惠及当代人的发展，而且是泽被千秋万代未来人的发展。

再次，在社会组织结构上，生态文明要求将生态化渗透到社会组织和社会结构的各个方面，人类社会的组织、结构、体系、制度将更加科学、规范、完善和协调，运行更加有序、平稳和高效，社会更加安定和谐。

最后，人的发展既是生态文明的出发点，也是生态文明的归属点。生态文明首先是人自身的文明，没有人自身的文明就不可能有生态文明。上文谈到，无论是生态危机，还是社会危机，都是源于人自身的异化所造成的，只有消除了人自身的异化，才能消除社会危机和生态危机。人作为有机体，本身就是自然生物圈中的一员，同时，也是一个完整的生态系统，其发生、发展、健康成长也必须符合基本的生态规律，即自由、全面、协调和可持续发展的规律。只有通过自由、全面、协调和可持续发展，人才有可能成为一个生态化或具有生态人格的人，才能够建设生态文明社会，促进人—社会—自然共同永续发展，惠及人自身及千秋万代。

综上，无论是狭义还是广义的生态文明，都清楚地表明，生态文明对人类社会的影响越来越大，越来越深入。人类正进入一个前所未有的全新的历史发展阶段。

2.2 生态教育

2.2.1 生态教育的概念和内涵

1. 概念

何为生态教育？笔者认为，生态教育是生态文明在教育领域的具体体现，是以科学的生态观和教育观来认识、开展教育，使受教育者得到自由、全面、协调和可持续发展，并推动生态文明在全社会全方位得以实现。

2. 内涵

传统工业文明教育观具有强烈的功利化倾向，不仅把教育当作谋取利益的工具，而且把学生也当作谋取利益的工具，导致教育观念严重异化。不仅如此，工业文明教育观把教育仅仅看成一个知识传授与接受的过程，学生就是一个个盛放知识的容器，教师对待学生犹如工人对待生产线上的产品，按照标准化的要求，对学生进行整齐划一的培养、制造。学生在学习过程中的个性、主体性、主动性、创造性难以发挥。而生态教育则是与生态文明社会共生、共进、共荣的一种新形态的教育，以生态文明和先进、科学的教育观念为指针，要求在教育过程中真正做到以人（学生）为本，从人自身成长和发展的要求出发，充分发挥学生的个性、主动性和创造性，把学生培养成一个自由、全面、协调和可持续发展符合生态文明要求的人。

如何理解自由、全面、协调和可持续发展？这对培养学生成为一个符合新时代要求具有生态文明人格的人具有重要的意义。

所谓"自由"并非学生想学啥就学啥，想怎么学就怎么学。而是说学生的学习是非强迫性的，教师应通过调动学生的好奇心和求知欲，激发其学习兴趣和内在的学习动力，并结合其兴趣、爱好和特长，使其热爱和主动学习，在此过程中，结合教学大纲的要求，鼓励学生自主选择学习内容和方法。所谓"全面"，并非面面俱到什么都学。而是要求学生学习不能偏科，发展不能畸形。要知识与能力、专业与素质、科技与人文、理论与实践兼顾，努力做到德智体美劳全面发展。所谓"协调"即要求学生的知识结构要科学、合理，相互兼容、互相促进，形成优化组合，知识搭配要达到 1+1＞2 的效果。并且，知识结构、智力结构、心理结构和生理结构的发展要相协调，智商与情商同增长，内心世界与外部身体要相统一，人与人、人与社会、人与自然要相和谐。所谓"可持续发展"是指教师通过包括引导、调动、鼓励等各种方式维持学生的学习兴趣和动机，并使学生真正获得自主学习、自主探究的能力，引导学生不断挑战自我、不断超越自我，实现自身价值，增加自身在学习过程的获得感和幸福感。只有当学生热爱学习、善于学习，并能从中获得乐趣，才能够维持其学习动机和动力，真正做到持续学习、终身学习，不断发展、不断进步。

此外，通过生态教育不仅能够有助于学生自身自由、全面、协调、可持续发展，同时，也能够消除人的异化，促进人与人、人与社会、人与自然的和谐统一，共同发展，有助于生态文明社会的建设。

2.2.2 生态学对生态教育的启迪

生态学是研究生物与环境之间相互作用规律的一门科学。自然界有机体的产生、生存和进化离不开环境。同样，人类社会各种现象的产生、存在、发展、变化也离不开环境，也是与环境交互作用的结果，也存在各种因果关系及内在规律。所以，生态学不仅对于人们深刻认识自然有机体的各种现象及本质、规律有着巨大价值，同样，对于认识和把握包括生态教育在内的人类社会各种现象也具有丰富的启示作用。中国科技大学沈显生教授认为："一个懂得生态学的人，在看问题和解决问题的时候，在态度立场、思想观念、价值观和方法论，以及在预测事物发展趋势方面，都具有明显的优势。"[①]

---

① 沈显生. 生态学简明教程［M］. 合肥：中国科学技术大学出版社，2012：12–13.

生态学为生态教育理论体系的构建提供了丰富的理论资源，主要体现在以下几方面。

其一，"生态教育"中的"生态"就是来源于"生态学"中的"生态"，它是指一切生物的生存繁衍状态，以及它们之间和它与环境之间的关系。这在生态教育中，可以看成是学习者的学习状况，以及学习者之间和学习者与环境之间的关系。

其二，生命系统层级可以分为个体、种群、群落和生态系统四个层级，各层级之间都相互发生影响。按此观点，生态教育也可分为相应的层级，即个体、班级、学校和社会四个层级。各层级相互之间都会相互发生作用，都会影响到个人和集体的成长。

其三，生态因子概念。凡是对生物的生长发育和繁殖等生命活动能够产生作用和影响的环境因子，都称为生态因子。每个生态因子都具有不同的强度、质量和性能特征，称为生态因子三要素。在探讨某一个生态因子的作用机制时，需紧密围绕这三要素进行分析[①]。同样，生态教育也离不开生态因子，这里的生态因子指的是诸多学习因素，包括两类：一类是校园、教室、讲台、图书、资料、教学仪器、设备等硬件设施；另一类是师生关系、生生关系、学习氛围、各种信息、课堂（学校）文化、规章制度、奖惩条例等软件项目。每个学习因素也都具有不同的强度、质量和性能特征，因此，对学习者而言，它们所起的作用、效果各不相同；即使是同一因素对于不同学习者的作用、效果也不相同。在探讨其作用机理时，不仅要对每个因素进行探讨，还要结合学习者的具体情况进行探讨，这样才有可能提高学习者的效率。

其四，从生态学的观点来看，生物之间的互助与竞争关系是两种基本的相互作用形式，它们共同影响着生物种群动态的生态系统平衡。互助关系通常指的是生物之间通过合作来共同完成某些任务或获得生存所需的资源，而竞争关系则是指生物之间为了获取有限的资源而发生的冲突。这

---

① 沈显生.生态学简明教程［M］.合肥：中国科学技术大学出版社，2012：18.

两种关系在自然界中广泛存在，对于维持生态系统的稳定和多样性至关重要①。就生态教育而言，任何学习者都不是孤立的，同一班级的学习者也会存在互助与竞争的关系，如何有效地利用这些关系促进受教育者提高学习效率，使之更好地健康成长，这也是生态教育要研究的课题。关于互助关系有助于学习者成长，本书将在第五章以"协作"的名称进行探讨，在此不再赘述，仅就竞争关系作一阐述。在生态学上，竞争关系包括种内竞争和种间竞争。前者主要是发生在同一物种内的个体之间的竞争；后者则发生在不同物种之间的竞争。竞争的目的是为了争夺有限的资源，如食物、水源、栖息地等。而从生态教育的角度来看，学习者之间的竞争一般不存在为争夺有限学习资源的竞争，这与生态学上的竞争大相径庭。学习者之间的竞争大都是为了学习效率、学习成绩及由此而带来的荣誉竞争。因此，在大多数情况下都为良性竞争，作为教师应鼓励学生展开竞争，因为竞争有利于提高学生的学习效率，培养学生不服输的精神。但也应特别注意防止学生因过分看重学习成绩和荣誉而展开恶性竞争，导致不择手段，相互伤害，那就有违提倡竞争的初衷了。为了防止恶性竞争，必须制定公平、公正的竞争规则，必须要由老师和学生共同担任裁判。规则、裁判和公开透明是确保良性竞争的必要条件。一旦有违规行为出现必须立刻予以指出，并批评教育。即使是公平竞争也要注意分寸，避免伤害竞争中落后者的自尊。

其五，生态系统平衡。要了解生态系统平衡，首先要了解什么是生态系统。生态系统是指在一定的空间和时间范围内所有的生物群落和非生物成分（环境）之间，通过能量流动、物质循环和信息传递而发生相互作用，构成一个相互依存的功能完整的生态学高级单位②。生态系统的平衡是指生物与环境之间、生物各种群之间通过能量流动、物质循环和信息传递，使整个系统达到高度适应、协调和统一状态。系统的结构、功能都处于一种

---

① 沈显生. 生态学简明教程［M］. 合肥：中国科学技术大学出版社，2012：212.
② 同上。

相对稳定状态，物质、能量的输入、输出近似相等，其自我调节能力（抗干扰能力）也达到阈限（最大）。

生态系统平衡是相对和动态的平衡，而非绝对和静止的平衡。这是因为变化是事物最根本的属性，生态系统这个复杂结构中生物与生物、生物与环境及环境各因素之间都在一刻不停地相互作用、发生改变，从而引起不平衡，然后依靠生态系统的自我调节能力使其又进入新的平衡状态。正是这种从平衡到不平衡再到新的平衡周而复始的过程，推动生态系统的发展与进化。

生态教育也是一个复杂的系统，其结构、功能及运行过程与生态系统也很相似。生态教育系统主要由两大类因素所构成：一类是校园、教室、讲台、黑板、图书、资料、教学仪器、教学设备等硬件设施；另一类是师生关系、生生关系、学习氛围、课堂（学校）文化、各种信息、规章制度、奖惩条例等软件项目。这两大因素也通过生态教育系统的物质循环、能量流动和信息传递（要指出的是，生态教育系统中的"物质循环"实际上指的是"知识扩散"，"能量流动"指的是伴随知识而来的"能力流动"），把所有的教学要素都有机调动、结合起来，使之发挥出应有的效益，整个系统组成和结构高度适应、协调、统一，师生、生生及其与学习环境之间信息传递流畅，配合默契，所探讨研究的知识和问题都能够被师生所理解和接受，教学过程不容易被其他非教学事件所干扰，这时的生态教育系统可被视为生态教育系统的平衡。

当然，这样的平衡也非绝对、静止的平衡，而是相对平衡，这样的平衡很容易被教学观念、教学内容、教学方式及其他软硬件的变化所打破。这时就需要在师生共同的努力下发挥其作为人的主体性、主动性和创造性，在新的基础上恢复新的平衡。生态教育也是通过平衡、不平衡达到新的平衡这样一个周而复始的过程不断向前发展。

生态学给予生态教育的重要启示还有很多，本书认为生态学给予人们最有价值的启示还应当包括如下几方面：首先，生物的形态和结构是高度适应其生理功能的，是为其生理功能服务的；其生理功能又决定了生物的形态与结构。而生物又生活在环境之中，须臾离不开环境，环境影响、改变，甚至塑造了生物的形态与结构，可以说有什么样的环境，就有什么样的生物。反过来，生物也影响、改变和塑造了环境，二者互相联系、互相作用、互相影响，互为环境。由此可见二者具有相互依赖、密不可分的关系。其次，生物与环境关系的核心就是物质流、能量流和信息流，正是因为有了这三者，生物与环境中的各要素才被充分调动和联系起来，互相作用、互相影响不断发展和进化。再次，生态学研究的两大对象是生物与环境，这两大对象种类繁多、情况复杂，是一个由微观到宏观各层次系统组成的巨系统，相互间的关系错综复杂，因此，必须以系统观、整体观和联系观去看待生态学。并且，生态的发展和进化过程是一个动态平衡过程，由平衡到不平衡再到新的平衡，是一个周而复始的循环往复的过程，因此还必须以动态、对立统一、辩证的观点去看待生态学。最后，生态进化过程带来两大结果：一个是生物的多样性；另一个就是生态化过程。生态系统就是生物与环境，生物与生物之间相互作用、协同进化的综合产物。生态发展的本质归根结底就是适应与进化，这不仅是生态发展的本质，同样也是人发展的本质。

上述这些方面都给予了生态教育以丰富而深刻的启示。

2.3　生态文明和生态教育的关系

生态文明和生态教育二者之间既关系密切、相互依赖、不可分割；又相互独立、自成一体、各自发展。说它们关系密切，是因为前者是总体，后者是局部。生态文明包含了生态教育，生态教育是生态文明一个重要组成部分。并且，前者是目的，后者是手段。实现生态文明离不开生态教育，离开了生态教育生态文明就难以实现，只有通过生态教育才能科学、系统地唤醒人的生态意识、培养人的生态伦理、提高人的生态能力，才能够培养出全面发展具有生态人格的人，更好地建设生态文明社会；同样，生态教育也离不开生态文明，生态文明为生态教育规制了价值导向和伦理规范，要求以生态文明的思想和观念来培养人，把人培养成一个自由、全面、协调、可持续发展适应现代生态文明社会的人。没有生态文明根本就不可能有生态教育。

说它们各自独立，是因为生态文明和生态教育都有其自身的发展规律。生态文明除了离不开生态教育，它还离不开经济建设、制度建设、文化建设、科学技术的发展和生态环境建设。只有大力发展经济建设，才能为生态文明提供雄厚的物质基础；只有大力推动生态文明的制度建设，才能确保生态文明建设落到实处；只有大力促进生态文明文化建设，才能树立生态文明建设正确的价值观，使之成为全社会的自觉行为；只有努力提高科技发展水平，才能采取更高效、更环保的发展方式和更有效的环境治理，从而使天更蓝、水更绿、山更青，祖国更美丽；才能让人与人、人与社会之间的关系更和谐和统一，人也更美丽。而大力发展科学技术又离不开高质量的生态教育。建设生态文明社会是一个庞大而复杂的系统工程，需要各方面协调与配合。也正因为此，党的十八大提出了五位一体建设生态文明社会。

生态教育，尽管冠以"生态"二字，需要遵循生态文明发展的规律；但它从根本上来说还是教育，其发生、发展还必须严格遵守教育规律，同时，必然会受到各种文化思潮的影响，尤其是哲学、心理学等的影响。因此，构建生态教育理论体系，实施生态教育，完善课堂生态，打造生态课堂，离不开对教育本真（本质、真相）的研究，离不开对教育规律和理论的研究，离不开对相关哲学、心理学、社会学等的研究。只有从不同视角、不同层面，多维度、立体化深入探讨生态教育，才能弄清其本质、特点和规律，构建符合新时代要求的生态教育理论体系，推动生态教育深入发展。

此外，无论是生态文明还是生态教育，其核心都是人，都是由人来实行，为人服务的，最终都要统一、落实到人上，也只有通过人才能将二者统一起来。人既是生态文明和生态教育的主体、推行者，同时，又是其受益者。实行生态文明和生态教育就是要实现对工业社会人的异化的超越，从而达到人与自身、人与人、人与社会、人与自然的统一。

何谓人的异化？随着西方世界以笛卡尔、康德、莱布尼茨、洛克等为代表的近现代理性主义和以伽利略、牛顿、爱因斯坦等为代表的近现代科学主义横空出世，影响并带动了近现代科学技术突飞猛进的发展，生产力有了极大的提高，社会由农业向工业转型。人的主体性得到了极大的提高，人不再像农业社会那样与自然融为一体，是自然之子，生物圈中的一员。而是成为独立于自然之外的一极，自然成了人认识、改造的对象，人成为了自然的主人，自然成了人的奴仆。人通过对自然的认识和改造，不仅从自然中获取大量的财富，而且将自然对象化。随着人类对自然的认识越深入、对自然改造和控制的能力越强大，从中获取的财富越多，个人主体性就越膨胀，对财富的欲望也就愈强烈，个人中心主义迅速形成，并席卷整个西方社会。个人中心主义是人异化的源泉，它以"自我"、个人为中心，以追求财富最大化为人生唯一目的，把自然、他人、社会排斥于主体自我之外，在追求自我利益最大化的同时，自身也沦为了物质财富的奴隶，导致了人与自然、人与社会关系的异化和人自身的异化。

生态文明是继工业文明之后的新型文明形态，它既是对工业文明的继承，同时又是对工业文明的超越。生态文明以自然和谐为基础，实现人与自然、人与社会、人与自我的统一。工业文明在解放人，确立和强化人的主体性，释放人巨大创造力，给人类带来前所未有物质财富的同时，也打破了人与自然之间原有的"天人合一"平衡关系，给自然母亲带来不可承受之重，引发"天人对立"乃至"天怒人怨"。为了消除天人对立，生态文明必须重树"天人合一"的价值观。生态文明所倡导的"天人合一"，不同于原始文明的"天人一体"。此"天人合一"是经过"天人对立"之后，在新的起点上重建"天人一体"的关系。"天人合一"既要遵从天道，又要遵从人道。遵从天道，人是自然的产物，尊重自然法则；遵从人道，发挥人的主体性，使自然合乎人的目的。天人合一就是天道和人道、外在尺度与内在尺度、合规律与合目的的统一。①

---

① 杨国荣.天人共美：一种生态的理念［N］.文汇报，2013-12-09（4）.

就人与社会的关系而言，工业文明不仅激发了个人的主体性，而且对于财富的过度追求强化了人对自然的占有和人与人之间的对立，使个人完全以自我为中心，形成了极端的利己主义，导致了社会共同体的丧失。生态文明追求人与社会的和谐与统一，就是要超越人与人、人与社会的对立，增强人的公共性和社会性，实现个体与社会的统一。

就人与自我的关系而言，工业社会人的主体性得到极大的提高，其创造力得到了前所未有的释放。然而，对于物欲的追求使其迷失了自我，陷入了陶渊明《归去来兮》中所描绘的"人为物累，心为形役"的境地，只有对"工具理性"的追求，丧失了对"价值理性"的追求，人成了谋取财富的工具和奴隶。生态文明要求"人以一种全面的方式，也就是说，作为一个完整的人，占有自己全面的本质"①。所以，建设生态文明，实现人与自我的统一，根本就在于使"人终于成为自己与社会结合的主人，从而也成就为自然界的主人，成为自身的主人——自由的人"。②

生态文明和生态教育的核心宗旨，就是要使人摆脱对于物欲过度追求的羁绊，更好地融入自然和社会，真正成为一个如马克思所说的自由人。

---

① 马克思，恩格斯.马克思恩格斯全集：第42卷［M］.北京：人民出版社，1979.123.

② 马克思，恩格斯.马克思恩格斯文集：第3卷［M］.北京：人民出版社，2009.566.

第3章　教育的本真及与生态教育的关系

何为教育的本真？教育的本真即为教育的本质与真相，它涵盖教育的概念、内涵、性质、特点、价值与功能等有关教育的各个方面，对于科学、全面和深刻认识教育，从事教育理论研究与实践，以及教育改革具有重要的意义。

3.1　教育的概念、分类、要素及内涵

3.1.1　教育的概念

教育是人类社会独有的一种社会现象，是人类社会（理性）发展到一定阶段的产物，反过来教育的发展又推动了人自身及人类社会的发展。《现代汉语词典》对教育的定义为："培养新生代准备从事社会生活的整个过程，主要是指学校对儿童、少年、青年进行培养的过程。"[①]《辞海》的定义则为："按照一定的社会要求，对受教育者的身心施以影响的一种有目的、有计划的活动。教育是一种社会现象，起源于劳动，适应传授和学习生产劳动和社会生活经验的需要而产生，并随着社会的进步而发展。一定社会的教育是一定社会生产力、生产关系和政治的反映，同时，又影响和作用于一定社会的生产力、生产关系和政治。"[②]

---

① 中国社会科学院语言研究所词典编辑室.现代汉语词典［M］.北京：商务印书馆，1996：640.

② 辞海编辑委员会.辞海［M］.上海：上海辞书出版社，1990：1657.

教育的内涵极其丰富，并且随着时代、社会、科技、文化的发展而不断丰富和充实。实事求是地说，《现代汉语词典》和《辞海》对教育的定义确实揭示了教育的部分本真，但还不够完整、清晰、深入和准确。本书尝试在《现代汉语词典》和《辞海》的基础上，重新定义教育的概念，以便更好地揭示教育的本真，构建生态教育理论体系和实施生态教育。

本书认为，所谓教育，一言以蔽之，就是人们有意识地传授和获取经验、知识和能力的一种活动。

3.1.2　教育的分类及要素

按照不同的标准划分，可以分为各种不同的教育。如按照教育的场合来划分，可以分为学校教育、社会教育、家庭教育和自我教育；按照教育的等级来划分，可分为学前教育、初等教育、中等教育和高等教育（包括研究生教育）；按照教育性质和内容来划分，还可以分为基础教育、专业教育和素质教育等。

教育的基本要素就现代规范化的教育而言，主要由教育者（教师）、受教育者（学生）及教育场所（学校）等构成。但这些要素并非固定不变，就教育者和受教育者而言，因其"闻道有先后，术业有专攻"而时有转换，至于教育场所（学校）对于高等教育来说，更因其产学研的一体化要求，经常根据教学需要而深入生产、社会和科研单位，以及野外而变化不定。

3.1.3　教育的内涵

从古及今，无论国内还是国外，教育之所以能引起人们高度重视，就在于教育能够使人获得经验、知识和能力，能够赋予人以灵魂并丰富人的精神世界，能够改变人、改变人的命运，促进人全方位成长和发展，进而改变整个社会和世界，推动人类的文明和进步；就在于教育对于人类和世界有各方面无可替代的巨大的价值。对于教育之于人类和世界价值的深刻认识，有助于深刻把握教育的本真，推动教育的变革和发展。

3.2　教育基本价值构成

教育基本价值构成包括：认识价值、科学价值、经济价值、人文价值、社会价值、生态价值及积累知识传承文明的价值等 [①]。

1. 认识价值

所谓教育的认识价值，是指人们通过各种形式的教育就能够获得有关自然、社会以及人类自身的各种经验和知识，这种经验和知识，对于人们认识和把握客观世界、人类自身和人类社会具有巨大的作用。因此，教育具有认识价值。

2. 科学价值

教育，尤其是现代教育的一项重要使命，就是要使受教育者系统地学习和掌握关于自然、社会及人类自身各方面的知识，以及认识自然、社会及自身各方面知识的方法和能力。受教育者在掌握相关知识及如何获得这些知识的方法、能力之后，能够利用这些知识、方法和能力对自然、人类社会等进行更深入的研究和探讨，在前人的基础上进一步发现、发展、创新、创造，揭示前人没有揭示过的关于自然、社会和人类自身内在的本质和规律。因此，教育具有科学价值。

3. 经济价值

当今世界经济的发展充分表明，经济发展离不开科技发展，科技发展离不开教育。教育的经济价值是建立在教育的科学价值之上的。受教育者通过接受教育，认识自然、社会及人类自身，掌握其性质、特点、相互关系、发展变化规律，特别是高新科技，开发和生产出令人眼花缭乱具有高品质、高附加值的物质、精神产品及有用信息供人们消费和使用，全方位地满足人们各方面的需求，从而促进经济的巨大发展。因此教育又具有经济价值。

4. 人文价值

所谓人文价值，就是受教育者在接受教育、接受各种有关自然、社会

---

① 杨顺华，杨海濒. 教育基本价值探讨 [J]. 扬州大学学报（高教研究版），2005，9（6）：14–17.

及人自身知识的过程中，不仅掌握了知识本身，而且通过对这些知识进行取舍、加工、梳理、整合、融会贯通，进而就能够构建起自己的价值世界和意义世界，构建起自己的精神家园。这时的人就具有了充分的理性，有了价值追求和精神追求，有了属于人的灵魂，也才真正脱离动物世界进入到人的世界[①]。教育的人文性，其重要意义在于教育不仅使人能够认识自然、认识社会，具备改造自然、改造社会的能力，而且更能够培养人的事实认定能力、是非判断能力、价值评判能力、道德意识以及丰富的情感，使人知道应该追求什么、为什么要追求，以及如何追求。教育的人文性具有意义和价值导向作用、自我控制和约束作用、行为能力调节作用，能够使人摆脱盲目性、冲动性和工具性，具有充分的理性，更好地利用自己的知识和能力造福人类、造福社会、造福世界、造福自然；避免滥用知识危害人类、危害社会、危害世界、危害自然。

5. 社会价值

教育的社会价值是建立在教育的人文价值之上的，主要体现在教育能够强化人的社会性，促进个体自然人向社会人的转变，并推动社会的和谐、进步与发展。作为个体自然人，其个性千差万别、思维方式、欲求和利益各不相同，但是通过教育能够促使具有不同个性、思维方式和利益诉求的个体自然人逐渐变成一个拥有共同的事实认定法则，是非观、善恶观和价值观，拥有统一道德自觉的社会人。在此基础上，再加上法律法规、国家机器等所具有的公信力、威慑力、强制力（法律、国家机器的合法性、权威性也必须依赖于教育才能够得到人们的承认），人们的思想、欲求、行为就得到了有效的协调、规范和制约，就能够处理好各种各样的利益关系和错综复杂的矛盾冲突，人与人之间就能够和平相处、相互协作，更好地发挥自身的才干，享受自己应有的权利，承担起自己应尽的社会义务，建设和谐社会，推动历史向前发展。毫无疑问，在自然人向社会人过渡的过程中，教育不仅起到了催化剂的作用，而且参与了这一"反应"过程，加深

---

① 周龙军.略论高校人文教育［J］.江苏大学学报（社会科学版），2000（3）：44-47.

了这一"反应"程度。

6. 生态价值

关于教育的生态价值，笔者以为主要是指教育能够促进人类自身及其赖以生存的自然环境自由、全面、和谐、可持续地发展。首先，从人类自身来说，人类源于自然，本身就是自然生物圈中一个十分重要的有机组成部分。庄子在其《庄子·齐物论》中就说过："天地与我并生，而万物与我为一。"表达了天人合一的观点。不仅如此，《庄子·达生》中还说："天地者，万物之父母也。"这个万物理所当然也包括人类。马克思也表达了类似的观点，认为自然是人的"无机的身体"[①]，人与自然相合为一。人类自由、全面、协调、可持续发展本身就具有极其重大的生态意义。对个人来说，教育给予人的远不只是知识，更重要的是，它能够启迪人的智慧、增长人的才干；它能够培养人的情感、陶冶人的情操、丰富人的精神世界，并对人格的形成产生重大影响；教育还承担着指导人们科学生活，锻炼、维护好自身身体的重任。由此可见，教育对人的自由、全面、健康成长作用巨大。它不仅能够改善一个人的知识结构，而且还能改善他的智力结构、心理结构，甚至是生理结构，能够促进一个人从精神到肉体、从内部到外部全面、健康的发展。其次，对于人类赖以生存的自然环境来说，人类可以通过教育，唤醒人的生态意识，培养人的生态自觉，使更多的人更清楚地认识到人类与自然相互依赖、密不可分的关系，使之备加珍惜环境，科学、合理地开发和利用环境，保护自然生态。最后，教育还可以使人们深入、系统地了解、掌握有关生态环境如地理、生物、气候等方面的知识，进而通过科学研究的方式，寻找改善、优化环境，有利于物种进化的方法，做到自身与环境的共同发展。

7. 积累知识传承文明的价值

人类之所以有一个光辉灿烂的今天，教育的作用居功至伟。积累知识、传承文明也是教育的一项基本功能。现代意义上的教育，尤其是高等

---

① 马克思，恩格斯.马克思恩格斯全集：第 42 卷［M］，北京：人民出版社，1979：95.

教育不仅仅是传道授业解惑、培养专业人才，更是集传播人类知识与文明，从事科学研究，充当政府和社会智库与大脑作用与一身（顺便说一句，古代的教育，如古希腊先贤柏拉图、亚里士多德等建立的学园教育，甚至于2 000多年前孔夫子办的私塾教育，其实也都具有类似的功能，只不过远没现代学校教育如此明显、健全罢了）。正因为如此，现代高等教育可以说是汇集了古往今来全人类一切的智慧和文明，可以通过各种方式向学生、社会乃至世界传播这样的智慧和文明。这样的传播活动同样可以认为是一种广义上的教育活动，这样的教育活动它上承历史，下接后代，纵横国内外。正是有了这样的教育活动，人类文明的薪火得以代代相传，永不熄灭；知识的积累如滚雪球般越滚越大；人类一步步走过了茹毛饮血的原始时代，走过了刀耕火种的农业时代，走过了以蒸汽机、电气化为代表的大工业时代，走进了以电子计算机、网络为代表的信息化时代，现在又即将迈入以人工智能为代表的智能化时代。教育作为推动人类社会进步的"永动机"，随着自身的不断发展和进步，必将把人类社会推向一个又一个更加光辉灿烂的未来。

当然，在实际教育过程中，教育的基本价值构成并非能够如上文那样条分缕析加以区分，而是相互交织、相互依存、互为基础、紧密结合、不可分割的。尽管如此，在理论上却可以通过抽象的方式加以区分，使人们清晰地认识教育所具有的各种不同的强大功能，认识和把握教育的本真，并可以根据其相互间的关系确定其在价值构成中的地位，从而采取相应的措施更充分有效地发挥教育所具有的价值。

3.3　教育生态价值观

教育的基本价值包括：认识价值、科学价值、经济价值、人文价值、社会价值、生态价值和积累知识传承文明的价值。本书认为，在上述诸价值中，生态价值（包括人文价值）应被视为教育基本价值中的核心价值，这是因为：首先，教育的生态价值主要是指教育对人自身、人的意识、精神世界、智力结构，甚至生理结构等的形成和发展所起的作用，它更多地直接作用于作为自然界有机组成部分——自然形态人的自身内部，并且，实现教育的生态价值是人成其为人的先决条件，是人自由、全面、健康发展的根本保证。而教育的科学、经济、社会价值等则主要体现在人与自然、人与社会的关系，以及人对于自然和社会的利用和改造上，与前者相比，它是外在的。其次，教育的科学、经济、社会价值等是通过人的实践活动来体现的，是人类心智发展衍生出的副产品，它必然受制于人的个性、智力结构、文化水平、价值观念、意志品质、心理状况等等。因此，教育科学、经济、社会价值等的实现往往受制于教育生态价值的实现。正因为如此，有许多研究教育的学者把提高人的理智水平看作是教育的首要任务[①]。再次，教育的人文生态性具有价值导向作用、自我控制和约束作用、行为能力调节作用，它能够决定人们如何选择、选择什么，如何从事自身所作出的选择，以及自身身心投入所作出的选择的程度等等。所以教育的生态价值在教育的价值体系中具有基础性、决定性（核心）作用。

本书认为，将促进人的智力、精神和肉体的自由、全面、协调、可持续发展作为教育的根本任务，将教育的生态价值视为教育基本价值体系中的核心价值，决定、制约着教育的其他价值的发挥，这样的观点可称为教育生态价值观[②]。

构建生态教育理论体系，实现生态教育，就是以教育生态价值观为理论基础来进行。

3.4 实现教育生态价值观的路径

本书认为，实现教育生态价值观的路径主要有以下几方面：

---

① 约翰·S.布鲁贝克.高等教育哲学［M］.杭州：浙江教育出版社，1998：10.

② 杨顺华，杨海澜.生态价值——教育之基本追求［J］.教育评论，2006（6）：11–14.

3.4.1 确立生态价值在教育价值构成中的核心地位

教育生态价值在教育的价值体系中居于根本的核心地位，教育生态价值的发挥，影响、制约和决定了教育其他价值的发挥，打个简单的比方，教育生态价值就好比是"1"，教育的其他价值都是"0"，缺少了1，有再多的0都等于零。因此，在教育过程中，首先要高度重视、充分发挥教育的人文生态价值。具体地说，就是对于学生的教育和培养不光要着眼于丰富学生的知识，更要注意启迪其智慧、提高其能力、培养其情感、陶冶其情操，使其成为一个有思想、有灵魂、有个性，自由、全面、协调、可持续发展的人。要克服传统工业文明的教育观念和思想，工业文明的教育观念和思想，其出发点和着眼点是剩余价值、利润和财富，具有赤裸裸的功利化目的，就是要把学生培养成赚钱的工具，培养成工业化巨型机器上的一枚枚齿轮和一颗颗螺丝钉，通过工业化这台巨型机器不停地运转给资本和社会带来源源不断的利润和财富。其结果往往是以资本和财富为导向来实施教育，来改造人和培养人，而很少能站在受教育者（学生）的立场上、站在人的立场上，按照人的需要实施教育，这就造成了教育的异化，人的异化，人成了工具。不仅如此，教育的异化还带来人与人之间的异化，人与社会、人与自然之间的异化，并导致生态危机的爆发。要彻底改变这样的状况，我们就必须回归教育本真，一切以教育的生态价值观为指针，来指导教育、教学工作。即要以人为本，充分尊重学生在教育教学过程中的个性、主体性和创造性，因材施教，努力培养学生的学习兴趣，激发其好奇心、求知欲，充分发掘其潜力，引导学生自主学习、自我探究、自我建构知识和生成能力。要纠正工业化时期那种重理轻文，重知识轻实践，重专业轻文化、重技能轻修养的教育观念，把实践教育、思想品德教育、文化艺术教育、情感教育、审美教育真正纳入整个教育体系。在教育内容的安排上，要打破封闭、僵化的知识理论体系，构建开放的跨学科、跨领域、交叉互补的知识理论体系；理论要与实际相结合，面向社会、面向现实、面向世界、面向未来；要具有前瞻性，要吸收、容纳学术界最新研究成果；

要加强师生间、生生间的互动，使教育教学成为师生、生生间知识、智慧、思想、道德、情感、心灵相互碰撞、交流的过程，实现真正意义上的教学相长。只有充分发挥教育的核心价值——生态价值，促进学生自由、全面、协调、可持续发展，才能回归教育本真，才能够更好地实现教育的科学价值、经济价值、社会价值及其他价值，才能实现生态教育，实现高等教育高质量发展。

3.4.2　理顺个性与社会性的关系

个性和社会性都是教育关注的焦点。历史上，由于众所周知的原因，无论是理论探讨，还是在实际教学中，往往更重视对学生社会性的培养，而忽视对学生个性的培养。20 世纪 90 年代以后，对于个性问题在理论上的探讨有所加强，对个性问题重要性的认识越来越明确。但是，在对培养学生个性与社会性的关系方面，以及如何培养学生的个性和社会性的认识还较为模糊。在此，笔者试从教育生态价值观的角度探讨之。

什么是个性？从心理学的角度来看，个性是"一个人的整个精神面貌，即具有一定倾向性的心理特征的总和"。"个性结构是多层次、多侧面的，由复杂的心理特征的独特结合构成的整体。这些层次有：①完成某种活动的潜在可能性的特征，即能力；②心理活动的动力特征，即气质；③完成活动任务的态度和行为方式方面的特征，即性格；④活动倾向方面的特征，如动机、兴趣、理想、信念等。"[①] 由此可见，个性具有丰富的内涵，它构成一个活生生的人的内在、丰富多彩的精神世界，体现了人与人之间相区别的内在质的差异性，同时也是制约人的内、外部活动的决定因素。人正因为有了个性，才有了存在的价值；人正因为有了个性人类社会才变得千变万化、充满活力。因此，根据教育生态价值观，培养和发展学生的个性理应成为培养全面发展的人的前提、出发点和核心。毫无疑问，在培养学生个性与培养学生社会性的问题上，培养学生的个性是第一位的，培养学生

---

① 朱智贤，等.心理学大辞典［M］.北京：北京师范大学出版社，1989：225.

的社会性则是第二位的；一个人有了个性，才有可能有社会性，正如有了面粉才有面包，有了水泥才有高楼大厦一样。

培养学生的个性，首先，必须使学生充分意识到自身存在的价值、自身作为人的尊严以及自身在从事学习和其他社会活动中的主体性。其次，要培养学生的自主意识和独立人格，所谓自主意识和独立人格，就是对于任何事情都不人云亦云随声附和，都有自己的独立思考和基于事实、公理和逻辑的价值判断。这是培养学生个性的关键。最后，能力也是个性的一个重要组成部分，培养学生的个性，还必须充分发掘学生的潜能和天赋。不同的学生因其生理、心理和生活阅历不尽相同，其智力结构也不尽相同。教师应该像一位富有经验的琢玉大师一样，慧眼识珠，善于发现学生身上所具有的潜能，将它发掘出来，经过反复磨炼、巩固和强化，使之变为实实在在的能力。培养学生的个性不仅是实现教育生态价值观的需要，而且也是贯彻"以人为本"思想和培养学生创新精神和创造能力的需要。

当然，在培养学生个性的同时，也绝不能忽视培养学生的社会性。社会性与个性的关系就像是一个硬币的两个面，是你中有我我中有你，相辅相成，无法分割。正像理性是人的本质特征一样，社会性也是人的本质特征，是人成其为人的一个重要因素。一个自然人只有获得较为完整的社会性，他才能完成由自然人向社会人的转变，才算真正"成人"，才能做到自立社会，畅行天下。一个个性强烈，而又缺乏社会性的人，行走江湖必然会处处碰壁，即使个人有再大的才能，也难有施展空间，也很难被社会所承认。实事求是地说，有个性、有思想，特立独行，不走寻常路的人，往往蕴含发明、创造的基因，如果能对其进行正确引导，使之具备强烈的社会意识、家国情怀、正确的价值取向，良好的道德感、百折不挠、持之以恒的毅力和强大的沟通、亲和能力，这些都将成为其发明、创造基因的营养，助力其结出成功的硕果。毫无疑问，社会性对于人的生存和发展具有不可或缺的作用，而教育对于培养学生的社会性能起到至关重要作用。

关于培养学生的社会性问题，本书第五章"建构主义与生态教育"还将进一步阐述，此处不再赘述。

3.4.3　协调专业教育与素质教育

专业教育是世界各国高等教育普遍采取的做法,它适应了现代科技及工业社会分类越来越细,作为个人不可能穷尽所有学科门类这样一个事实。然而,高校在专业教育的过程中,如果不能和素质教育联系起来,片面实施专业教育,势必会造成人的畸形发展,人的工具化和非人化,这是马克思所指出的典型的人的异化现象,违背其所主张的教育应促进人自由、全面、健康发展的宗旨。其结果必然有碍于人的素质的全面提高,从而带来各种各样的弊端。譬如,我国高校毕业生中普遍存在的知识面狭窄、理论脱离实际、动手能力差、缺乏职业道德、缺少团队意识、过分强调自我、缺少创业精神、缺少社会责任感、情感淡漠等问题,就与片面实施专业教育、忽视素质教育有关。它不仅带来了一系列的社会问题,同时,也给学生自身的发展设置了障碍。从教育生态价值观出发,要有效地解决这些问题,就要求我们必须高度重视学生素质的全面发展和提高,在进行专业教育的同时,有意识地将专业教育、素质教育有机融合起来,在专业教育中贯穿、渗透素质教育。当然素质教育仅仅依靠课堂教育是远远不够的,必须将课堂教育与课外教育、学校教育与自我教育、专业教育与个人爱好、提高智商与提高情商、学习与生活、做人与做事结合起来。具体来说,就是要结合不同的专业教育内容,采用适当的方式,有意识地培养学生正确的世界观、价值观和道德观,培养学生的职业道德、团队精神和责任感,鼓励学生通过各种方式学习哲学、历史和社会等人文知识,学会欣赏各种文学艺术作品,积极参加各种社团、社会公益和文体活动,以提高自身的文化修养、审美情趣、身心健康水平,并有一颗博爱之心。还应鼓励高校学生,关心时事政治、关心身边及社会的动态,做到"国事家事天下事事事关心"。此外,还应结合专业教育,培养学生的生态意识、生态伦理及生态能力。如此,学生在学习专业知识、提高专业能力的同时,自身的其他各种人文素养也随之提高。反过来,随着其他各种人文素养的提高,又促进了专业知识的学习及能力的提高。总之,专业教育与素质教育之间,应该形成一种良性循环，即二者相互交融、相互支持、相互促进，共同发展，从而促进教育生态价值观的实现，促进人的全面发展。

3.5 教育的本真与生态教育的关系

本书认为教育的本真（本质、真相），主要体现在：首先，教育的内涵上。教育就是人们有意识地传授和获取经验、知识和能力的一种活动；其次，教育的价值构成上。教育具有多重价值，如认识价值、科学价值、经济价值、人文价值、社会价值、生态价值和积累知识传承文明的价值等。因此，教育具有改变人、改变人的命运，促进人的全面进步与发展，进而改变社会和整个世界，推动人类社会和世界文明不断进步的巨大作用。第三，教育的生态价值观上。在教育的价值构成中，生态价值应视为教育最基本、最核心的价值，它直接决定了人自身的全面进步与发展，并影响教育其他价值的发挥，影响生态教育的实现。

所谓生态教育，就是生态文明在教育领域的具体体现，是以科学的生态观和教育观来认识、开展教育，使受教育者得到自由、全面、协调、可持续发展，并推动生态文明在全社会全方位得以实现。

生态文明是生态教育所要达成的目标之一，是指把人、人类社会及自然作为一个完整的生态系统，以人自身、人与人、人与社会、人与自然和谐共处、良性循环、全面可持续发展为基本宗旨的社会形态。生态文明教育就是要把生态文明的思想、观点和方法贯彻到整个教育过程中，就是要改变工业文明的教育观念、思想和方法。工业文明的教育观念具有强烈的功利化倾向，不仅把教育当作获取利益的工具，而且把学生也当作获取利益的工具，导致教育观念严重异化。不仅如此，工业化时代教育观念把教育仅仅看成是一个知识传授的过程，学生就是一个个盛放知识的容器，学生在学习过程中的主体性、主动性、积极性、创造性难以发挥。而生态教育就是要以教育生态价值观等为理论基础，紧紧围绕充分发掘和实现教育的生态价值来进行。要求在教育过程中真正做到以人（学生）为本，从人自身成长和发展的要求出发，把培养人，培养一个自由、全面、协调、可持续发展的人作为教育的中心任务，从而使学生通过教育不仅仅是掌握了专业知识和技能，而且，更多的是掌握获取知识、认识世界的方法，使学生的精神世界和情感世界得到丰富和陶冶，并且在这一过程中学生的独立人格也得到了培养和完善，学生生态意识、生态伦理、生态能力也得到了启蒙、培养和强化。通过生态教育，不仅改善了学生的知识结构，而且，更重要的是改善了智力结构、心理结构，甚至是生理结构。学生作为个体，不仅其自身各方面得到了自由、全面、协调、可持续发展，而且，人与人、人与社会、人与自然之间的关系也变得更加和谐、统一，相互促进，共同发展，从而有益于生态文明的建设，真正实现古代先贤所期盼的"天人合一""仁者与万物一体""万物并育而不相害"的理想。

对教育本真的研究既是构建生态教育理论体系，实现生态教育的出发点，也是其归属和终点，回归教育的本真，就要充分发挥以教育生态价值观为基础的教育各项基本价值，充分实现生态教育，实现人的自由、全面、协调、可持续发展，实现人、社会和自然的和谐共存、相互促进、永续发展。

第4章　理性主义及对教育的影响

何为"理性"？人类对于理性的认识其实有一个不断变化、发展和深化的过程，不同时代，不同的人（主要指哲学家、学者）对理性都有不同的观点和认识。理性就其一般意义而言，是指建立在意识之上的"概念、判断、推理等思维形式或思维活动"①。

理性主义作为一种主义，即关于理性系统的理论和主张，其内涵更加丰富，外延更加广阔。概括地说，即主张摒弃想象（幻想），尊重科学，热爱知识，通过观察、实践、思考、判断、推理等方式了解、认识世界，获取、生产、掌握知识及其方法。理性是人类所特有的本质特征，是人猿相揖别的重要标志；理性主义则是人类社会所特有的一种社会现象，也是人类社会摆脱愚昧、野蛮迈向文明的重要标志。

理性及理性主义是人类及人类社会不断进化的产物，反过来，它又大大推动了人自身及人类社会的发展。理性主义对于教育的促进作用尤为明显，不仅引发了教育的萌芽，而且随着自身和时代、历史的发展不断为教育注入新的活力，推动教育不断朝着一个又一个新的目标迈进。

4.1　理性主义的发生

理性主义发端于人类早期对于自然界的认识。面对完全陌生、纷繁复

---

① 辞海编辑委员会.辞海［M］.上海：上海辞书出版社，1989：1367.

杂、变化莫测的大千世界，被造物主抛入这个世界最初人类的感受，应该就像今天的人类来到另一个星球一样，感到极度的陌生、恐慌、不知所措、无所适从，当然，也会夹杂些许惊奇。随着时间的推移，人们对周边世界逐渐了解和熟习，陌生感、恐惧感逐渐消退，大多数人就会对这个世界及其各种现象感到习以为常、熟视无睹、不再好奇，即使面对各种天灾人祸也能做到逆来顺受、听天由命。但是，人类中总有那么一些人初心不改，始终对我们这个纷繁复杂、变幻莫测的世界保有一颗好奇心和求知欲，急切地想透过纷繁复杂的现象一探究竟，认识世界、了解世界、把握世界的真谛，进而与之抗衡，不受世界的摆布，把握自身的命运。探究世界的奥秘，获得对于世界的认知，这就是理性主义的由来。

应该说，在世界各大早期文明中都有对于客观世界的探索。古希腊文明相较于其他文明，表现得更广泛、更系统、更突出、更深入、更典型，相关资料的留存也更完整，对后代和当今世界的影响也更大。革命导师恩格斯曾经说过："在希腊哲学的多种多样的形式中，差不多可以找到以后各种观点的胚胎、萌芽。"[1] 因此，对于理性主义的追根溯源，全世界的学者们也都自然而然把目光更多地投向了古希腊文明。

4.1.1　走出神话认知的引路人：泰勒斯及其米利都学派

在泰勒斯之前，希腊社会对于世界的认知，还处于感性或较少理性的神话阶段。所谓神话是与人类早期（原始社会）认知能力、生产力水平、社会状况相适应的认识世界并对世界和自身加以阐释的一种方式，是"通过人民的幻想用一种不自觉的艺术方式加工过的自然和社会形式本身"[2]，是人类早期认知能力的产物。

古希腊神话，就是人类童年时期留下的一份极为丰富而宝贵的认知遗产。古希腊神话大约产生于公元前 11 世纪至公元前 8 世纪，开始以各地原

---

① 马克思，恩格斯.马克思恩格斯文集：第 9 卷［M］.北京：人民出版社，2009：439.

② 马克思.政治经济学批判导言［C］.马克思恩格斯选集：第 2 卷.北京：人民出版社，1972：113.

住民口口相传的方式流传开来，并在这一过程中不断被加工和丰富，后来在荷马等人的作品中得以充分地表现。当时由于生产力水平和社会状况极为落后，人们的认知水平受到极大限制，面对日月星辰、风霜雨雪、动植物繁衍生息，以及干旱、洪水、地震、火山爆发等各种自然现象，人们既感到十分恐惧，又感到无比神奇，但又无法作出科学合理的解释，只能借助于想象（幻想）将其神化，认为在这些纷繁复杂的现象背后，一定都有一股神秘莫测、无所不能的超自然力量（神的力量）在操控、支配着这一切，这就是神话的由来。由于神话是早期人类通过想象（幻想）的方式创造出来的，因此，不可避免带有人类自身的烙印，具有拟人化、人格化的特点。古希腊神话在这方面就特别突出，神话中的诸神及英雄人物不仅具有人类的外形，而且程度不同地表现出了人类的欲望和心理，甚至弱点。不同之处在于它们都具有操纵世界万物和人类命运的强大力量，并具有永恒不灭的属性。

处于神话认知阶段的人类，认知能力极为低下，主要借助于想象（幻想）认识世界，不可能深刻洞悉世界，更不可能认识事物的本质，触及真理；并且，由于有人类自创的无所不能、永恒不灭的神的存在，匍匐在神的脚下的人类难逃自身铸就的精神牢笼。

而公元前585年前后（也就是古希腊著名哲学家泰勒斯主要生活的年代）的小亚细亚米利都是一个富庶的商业城市，且十分开放，与同为人类早期文明的巴比伦和埃及有各方面的交往，同时又较少受到其他希腊地区宗教的影响。正因为如此，束缚希腊人的精神锁链将从最弱的一环解脱，把世界从神的掌控中解救出来的重任就历史地落到了泰勒斯及其米利都学派的哲人身上。

泰勒斯被公认为是哲学的鼻祖，希腊七贤之一，也是米利都学派的创始人。黑格尔就曾斩钉截铁地说过："从泰勒斯起，我们才真正开始了我们的哲学史。"[①] 哲学是人类理性主义的产物，是理性主义最重要的组成部分之

---

① 黑格尔.哲学史讲演录：第1卷 [M].北京：生活·读书·新知三联书店，1956：78.

一，体现了人类的智慧和文明程度；哲学的发展反过来又推动了理性主义的不断深入和发展，提升了理性主义的高度。

"根据亚里士多德的记载，泰勒斯以为水是原质，其他一切都是由水造成的。"① 从这里可以看出，古希腊最早的哲人就开始了对世界本原（始基）的探索，而这正是哲学最基本的课题。尽管泰勒斯的看法今天看上去并不科学，然而，将此看法与古希腊神话神创世界作对比，可以发现，它并非单纯由想象（幻想）得出，而是通过广泛、深入地观察，通过分析、研究得出的。"泰勒斯曾经向埃及人学习观察洪水的知识，阅读过尼罗河每年的涨潮退潮记录，并且亲自察看退潮后的现象，发现每次洪水退后都留下了肥沃的游泥和游泥里面无数的微笑的胚芽和幼虫，然后他把这一现象和埃及人原始的关于宇宙的起源的故事结合起来，便得出了水生万物的结论。"② 因此，"水生万物"的观点是通过一定程度的科学思维得出的，可称为科学假说。

米利都学派的第二个代表人物是阿拉克西曼德，他延续了泰勒斯通过观察、分析、思考提出假说的方法。"他认为万物都出于一种简单的元质，但是那并不是泰勒斯所提出的水，或者是我们所知道的任何其他的实质。它是无限的、永恒的而且是无尽的。""元质可以转化为我们所熟习的各式各样的实质；它们又都可以互相转化。关于这一点，他作出了一种重要的及可注意的论述：'万物之所由而生的东西，万物消灭后复归于它，这是命运规定了的，因为万物按照时间的顺序，为它们彼此间的不正义而相互补偿。'"③ 关于阿拉克西曼德所说的"正义"，罗素理解他的意思为世界上的火、土和水应该有一定的比例，但是每种原素（被理解为一种神）都永远在企图扩大自己的领土。然而有一种必然性或者自然律永远地在校正着这种平衡。例如只要有了火，就会有灰烬，灰烬就是土。这种正义的观

① 黑格尔.哲学史讲演录：第 1 卷［M］.北京：三联书店，1956：93.
② 杨哲.论古希腊的理性主义思想［D］.荆州：长江大学马克思主义学院，2012.
③ 罗素.西方哲学史（上）［M］.北京：商务印书馆，1976：32.

念——即不能逾越永恒固定的界限的观念——是一种最深刻的希腊信仰。[1]

阿拉克西曼德主张元质不定，元质无限、永恒，并且能够转化为各种各样的物质和彼此间相互转化，很显然比他的老师泰勒斯要更进一步，更接近近现代对于物质的认识。并且，他还提出了物质不灭、组成物质的不同原素是按照某种必然性或自然规律以一定的比例组合在一起的观念，更是丰富和深化了人们对于物质的认识[2]。

阿拉克西曼德坚持认为，元质不是水或任何别的已知原素，是因为他自认为有一个缜密的推理过程：如果其中的一种是始基，那么，它就会征服其他的原素。他曾经说过，这些已知的原素是彼此对立的，气是冷的，水是潮的，而火是热的。"因此，它们任何一种是无限的，那么这时候其余的便不能存在了。"所以，原素在这场宇宙斗争中必须是中立的[3]。

阿拉克西曼德不光是在对原质的推断中运用了矛盾排除法，同样，在对活的生物的出现和人是从另一种生物演变而来的假设中[4]，也都用到了矛盾排除法。这与现代的科学逻辑思维十分相近，而与神话通过纯粹的想象（幻想）认识、解释世界不啻有天壤之别。

米利都学派的第三个代表人物是阿拉克西美尼："他说基质是气。""火是稀薄化了的气；当凝聚的时候，气就先变为水，如果再凝聚的时候就变为了土，最后变为石头。"[2]阿拉克西美尼观察到了同一种基质具有不同的形态，而这不同的形态取决于凝聚的程度。这表明他已经初步具备了透过现象看本质的思维能力。

综上，米利都学派几乎已经走出了神话纯粹依靠想象（幻想）感性地认识世界的认识论，走上了通过观察、分析、思考、推理、归纳的方式理性认识世界的康庄大道。毫无疑问，米利都学派所取得的成就在古希腊乃至整个人类发展史上都具有划时代的里程碑的意义。

---

[1] 罗素.西方哲学史（上）[M].北京：商务印书馆，1976：32.
[2] 同上，第33页。
[3] 同上。
[4] 同上，第34页。

4.1.2　知识理性的奠基者：毕达哥拉斯

米利都学派虽然跳出了神话纯粹依靠想象（幻想）感性地认识世界的框框，然而在对世界认知的过程中依然无法摆脱对感性的依赖。无论是泰勒斯的"水"，还是阿拉克西美尼的"气"，即使是阿拉克西曼德所主张的"不定的元质"都给人以满满的实在性的感觉。难怪黑格尔会产生："思辨的水是按精神的方式建立起来的，而不是作为感觉实在性揭示出来的，于是就产生了水究竟是感觉的普遍性还是概念的普遍性争执的问题。"① 这确实是一个很有意思的哲学问题，之前的古希腊哲学家确实无法解决，对此，古希腊又一哲学大家毕达哥拉斯用自己的主张予以了回应。

关于组成世界的本原，与其前辈泰勒斯认为是水，后人阿拉克西美尼认为是气、赫拉克利特认为是火不同，毕达哥拉斯认为"万物都是数"。水、气和火尽管有所不同，水比气和火更加实在，气和火比水更加飘忽不定，但毕竟这三者都能看得见，感觉得到。及至德谟克利特认为组成世界的本原是原子，毕达哥拉斯认为万物都是数，也就看不见、摸不着，凭人的感官完全感受不到，只能诉诸人的理智去把握了。不过，德谟克利特的原子，与毕达哥拉斯的数还是有本质上的区别的，前者还属于实体（Substance）范畴，而后者则属于观念（idea）范畴。这一现象表明，古希腊哲学家在探求世界本原的过程中，感性的成分越来越少，而理性的成分越来越多，并且，由实体转向了观念。完成这一转变的正是毕达哥拉斯，这标志着人类认知能力又有了一次巨大的飞跃，理性精神又进入一个新的境界。

用数来认识和表征世界，具有以下几方面的思维特征：

首先，数具有一种超越感觉的规定性。用感觉去认识事物，存在着个体性、现时性、模糊性三个问题。所谓个体性，是指只有当事人才能感觉到，其他人感觉不到。譬如说头痛，其他人就不可能有当事人那种真切的

---

① 黑格尔.哲学史讲演录：第 1 卷［M］.北京：生活·读书·新知三联书店，1956：185.

感觉，当事人的感觉只有当事人自己感觉得到；现时性，是指现在的感觉只是现在才有，时过境迁再去回忆，就不那么真切了；模糊性，是指感觉是模糊不清的，譬如，有人感觉到天气寒冷，到底有多寒冷说不清楚。真正的知识应具有确定性、可分析性、普遍必然性、可言说性这四大特性。只有超越感觉的个体性、现时性和模糊性，使之具有明确的规定性等，才能够建构知识。而数是最理想的表达方式。数能够超越个体、现时和模糊性，达到建构知识所需要的确定性。譬如，说某地某一时期的经济好与不好，没有说服力，你把整套相关数据拿出来，是好是坏就立刻一目了然了。有了超越感性材料的规定性，才能够构建真正意义上的知识。另外，用数字说话，而不是将自身的感受、观点强加于人，正是知识理性最直观的表现之一。

其次，数体现了一种纯粹的理性思维。上文提到，毕达哥拉斯提出世界的本原是数，数属于纯粹的观念范畴而非实体范畴，对于数的概念的运用及思考属于理性思维而非感性思维。显然，进入毕达哥拉斯时代，人类对世界的认识已由感性思维阶段进到了纯粹理性思维阶段。纯粹理性思维的特点之一是摆脱了对于实体、表象和现象的依赖，具有高度的抽象性。表象、现象尽管存在直观、具体的特征，但往往杂乱无章、变幻易逝、模糊不清，且浮于事物表面无法达至事物内部，主要是诉诸人的感官给人以感觉、印象和经验，不具有确定性、可分析性、普遍必然性、可言说性等，因此不可能成为真正的知识。要想成为真正的知识，只有将感性的经验上升到逻辑推理、数学分析的层面，使之具有确定性、抽象性、普遍必然性等才能实现。就像很多人看到苹果从树上掉下，这并不是知识，只是现象，只有牛顿从"苹果掉下"这一现象中得出了万有引力定律，这才成为知识；很多人看到水沸腾了，壶盖在动，这也不是知识，只有瓦特从中发明出蒸汽机才成为知识。科学知识之所以成为可能，离不开毕达哥拉斯数的观念的提出，数观念的提出不仅创生了精确思维，更赋予了人类在一个经验观察之外，不受经验观察的限制，能够达至事物本质和普遍必然性的纯粹理性科学思维。

最后，还体现出了一种超验论的思想，奠定了后世柏拉图形而上学理念论的基础。何为"形而上学"？《易经·系辞》曰："形而上者谓之道，形而下者谓之器。"形而上学简言之，就是研究超越现象、经验之上关于本体世界的学问。柏拉图形而上学理念论正是建立在"现象"与"实在"二分的基础之上的①。柏拉图认为现象的世界是一个虚假的世界，人们仅凭自身的感官就能感受得到，而实在的世界才是真实的世界，它存在于这个现象世界之外，人们通过感官感觉不到，只有通过人的理智直观才能达到。这是西方哲学本体世界与经验现象世界二分的主要根源，这种将世界二分化进而重本体而轻现象的形而上学倾向，长期以来一直是西方哲学和文化的主流，波及西方社会各个方面。而罗素认为："所谓柏拉图主义的东西倘若加以分析，就可以发现在本质上不过是毕达哥拉斯主义罢了。有一个只能显现于理智而不能显现于感官的永恒世界，全部的这一观念都是从毕达哥拉斯那里得来的。"②

让我们再回到毕达哥拉斯，毕达哥拉斯主义揭示了世界上存在着两种不同的知识，一种是关于现象、经验的知识；一种是关于观念的知识。前者属于或然性的知识，而后者才是具有普遍必然性纯粹意义上的知识。罗素曾举过这样一个例子："不存在金山"和"不存在方的圆"。"不存在金山"只是在我们已有的经验中尚未看到纯粹由金子堆成的山，但是从可能性上讲，宇宙中那么多天体，可能就有一些星球是由金子堆砌而成的。但"不存在方的圆"，则无论你走到哪里，太阳系、银河系及整个宇宙，你能找到一个既是方又是圆的东西吗？肯定是找不到的。前者是从现象、经验方面得出的，就属于现象、经验方面的知识；而后者是从观念方面得出的，则属于观念方面的知识。观念方面的知识主要是通过形式逻辑和数理逻辑推理得到的。正因为如此，著名现象学家胡塞尔在其《纯粹现象学通论》一书中说："存在有纯粹本质的科学，例如有纯粹的逻辑学，纯粹的数学，

---

①　罗素.西方哲学史（上）[M].北京：商务印书馆，1976：151，46.

②　罗素.西方哲学史（上）[M].北京：商务印书馆，1976：46.

纯粹的时间学，纯粹的空间学，纯粹的动力学等等。它们都是摆脱了各种事实的设定。在黑板上绘制几何图形的人是在事实存在的黑板上产生着事实存在的线条，但这些事实性的经验活动不曾为他们的几何学本质和本质思维奠定基础。"①胡塞尔的意思是，在黑板上绘制的几何图形是属于现象（实体）范畴的几何图形，譬如我们用圆规在黑板上画了个圆，尽管这个圆看上去似乎很圆，但与观念中绝对规则的圆根本就不是一回事。关于现象、经验的知识，离不开对现象的观察，离不开对实验的分析和研究，经验是其知识生产不可或缺的材料；而对观念知识来说则完全摆脱了对于现象、经验的依赖，只需要依靠逻辑推理来探求宇宙中存在的最纯粹、最本质的知识。将观念的知识与现象、经验的知识区分开来，是毕达哥拉斯对人类思维所做出的又一重大贡献，后来柏拉图区别了"知识"和"意见"，莱布尼茨区别了"理性的真理"和"事实的真理"，休谟区别了"观念之间关系的知识"和"事实的知识"，都在一定程度上受到毕达哥拉斯的启示。

从"万物皆数"出发，毕达哥拉斯提出了他的宇宙生成模式，他认为1就是一个点，2就是一条线，3就是一个面，4就是一个体，然后由体构成万物。这与老子的《道德经》中所说"道生一，一生二，二生三，三生万物"的思想不谋而合。在这里，古代先贤采用的是类似演绎的方式，从一般到特殊推导出万物的构成。不仅如此，他还从数量矛盾关系的角度将世界一切事物还原成十个对立的范畴：有限与无限、一与多、奇数与偶数、正方与长方、直与曲、左与右、善与恶、明与暗、阳与阴、动与静。其中，动与静、有限与无限、一与多的对立是最基本的对立，其他皆由此而生，以此实现人类对纷繁复杂、变幻无常世界的认知与把握。按照毕达哥拉斯的理论，世界绝不是无限不可知的混沌，世界不但是可知的，它还有一种固有的"结构"和"秩序"，这种秩序和结构服从于数学规律，也就是说"一切其他事物就其整个本性来说都是以数目为范型的"②。于是，毕达哥拉

---

① 胡塞尔.纯粹现象学通论［M］.北京：商务印书馆，1992：172.
② 北京大学哲学系.古希腊罗马哲学［M］,北京：商务印书馆，2021：38.

斯把非物质的、抽象的数看成是宇宙的本原，认为万物皆数，数是万物的本质，整个世界则是数及其关系的和谐的体系。他的这些看法无不闪耀着知识理性的光辉。

4.1.3　赫拉克利特及其辩证法

赫拉克利特是希腊历史上又一位具有广泛影响力的哲学家。赫拉克利特相信万物皆由火生。他说："这个世界对于一切存在物都是统一的，它不是任何神和任何人创造的；它过去、现在和未来永远是一团永恒的活火，在一定的分寸上燃烧，在一定的分寸上熄灭。"① 很显然，赫拉克利特所说的火绝非人们日常所见之火，而是一团在他内心深处熊熊燃烧的永恒的活火，既有形，又无形，按照一定的尺度燃烧，按照一定的尺度熄灭。赫拉克利特为何把火视作万物之源而不是其他元素，是因为"万物都像火焰一样，是由别种东西的死亡而诞生的"，"后者死则前者生，前者死则后者生"。② 赫拉克利特不仅昭示了物质不灭，而且还阐释了生死相依、相互转化，且按照一定的尺度存在和消失的特性。

"万物处于流变状态"是赫拉克利特提出的最有名的见解，他和他的弟子将此形象解读为"你不能两次踏进同一条河流，因为新的水不断流过你的身旁"，"太阳每天都是新的"③。对此，恩格斯曾评价说："这个原始的、朴素的但实质上正确的世界观是古希腊哲学的世界观，而且是由赫拉克利特第一次明白地表述出来：一切都存在，同时又不存在，因为一切都在流动，都在不断变化，不断产生和不断消失。"④ 赫拉克利特深刻揭示了大千世界永恒运动、发展、变化，事物不断产生、不断消亡，新事物代替旧事物这一内在的规律。

赫拉克利特还表示，世间万物无休止的运动并非盲目无序的运动，而

① 罗素.西方哲学史（上）[M].北京：商务印书馆，1976：54.

② 同①，51.

③ 同②，56.

④ 恩格斯.反杜林论 [M].北京：人民出版社，1999：18.

是按照一定的比例和尺度进行的。他不仅说过，火按照一定的尺度燃烧，按照一定的尺度熄灭，而且还说过"火的转化是：首先成为海，海的一半成为土，另一半成为旋风"①。因此，他赋予万事万物按比例和尺寸有规律的变化为"逻各斯"（含有"理性""规律""尺度"等意思）这样一个名称，其目的就是为了说明万事万物尽管表面看上去纷繁复杂、变动不羁、转瞬即逝，无从把握，但实际上却是万事皆有缘，有本质可以把握、有规律可以探寻的。

赫拉克利特对希腊哲学的另一大贡献就是，世界是统一的，但它是一种由对立面的结合而形成的统一。"一切产生于一，而一产生于一切；然而多所具有的实在性远不如一，一就是神。"②"他们不了解相反者如何相成。对立的力量可以造成和谐，正如弓之于琴一样。"③他对于斗争的信仰就是建立在这种理论之上的，因为在斗争中对立面结合起来就产生运动，运动就是和谐。世界中有一种统一，但那是一种由分歧而得到的统一。他还认为，统一要比歧异更具有根本性，然而，如果没有对立面的结合就不会有统一。

赫拉克利特的这些学说集中体现了辩证法思想，从中可以清楚地看到其对近代黑格尔哲学的影响，并将希腊哲学从对世界本原的探索引向了对万物生成、发展、变化、消亡背后规律的追寻，从而进一步推动了希腊哲学的理性化发展。

4.1.4 巴门尼德与形而上学

赫拉克利特认为万事万物无时无刻不在变化着，巴门尼德则反驳说没有事物是在变化。人们普遍认为以赫拉克利特为代表的伊奥尼亚哲学家更倾向于科学和怀疑主义，而以巴门尼德为代表的意大利南部和西西里（当时皆为希腊殖民地）的爱利亚学派哲学家更倾向于神秘主义和宗教。他们两人的学说似乎恰如其分地印证了人们对他们的看法。

---

① 罗素.西方哲学史（上）[M].北京：商务印书馆，1976：54.
② 同①，51.
③ 同②.

巴门尼德之所以坚持"没有事物是变化的观点",是因为他有他自己一套完整的学说,用一句话来概括,即"所思即所在,所在即永恒"①。这句话的重点在于:思、在和永恒。关于"思",即理性思维。巴门尼德认为知识的来源有两条:一是"意见之道",一是"真理之道"。前者是指在感性事物中追寻万物的本原,这条路给人们提供的知识是不真实的。按照他的观点:人们应该远离这条道路,因为感官是骗人的,不应该以耳朵及舌头为准绳,那会把你引入歧途。关于这一点,在本章"4.1.2 知识理性的奠基人:毕达哥拉斯"中曾谈到,感性材料往往杂乱无章、变幻易逝、模糊不清,且浮于事物表面无法达至事物内部,主要是诉诸人的感官,不具有确定性、可分析性、普遍必然性、可言说性等,因此不可能成为真正的知识。巴门尼德可谓与此所见略同。后者则是运用理性思索"存在"的正确途径,它给人们提供的知识是确定且真实的。他说:

"你不能知道什么是不存在的,——那是不可能的,——你也不能说出它来;因为能够被思维的和能够存在的乃是同一回事。"②

"能够被思维的事物与思想存在的目标是同一的;因为你绝不能发现一个思想是没有他所要表达的存在物的。"③

巴门尼德的意思是,当人们思想的时候,必定是在想某个存在物;当使用某个名称的时候,必定是某个存在物的名称。思想和语言都离不开其思考和表达的存在物,而且,这个存在物既可以在这个时间里又可以在其他任何时间里被思考、被表达,就表明其在所有时间里都存在,就不可能发生变化,发生变化就意味着新的存在物的出现或原存在物的消亡。

巴门尼德在此揭示了思维与存在物存在着同一性、一致性,正是这种同一性、一致性能够使思维达至事物的本质和真相,获得真理。

同时,英国哲学家罗素也认为,巴门尼德的上述观点是从思想与语言

---

① 罗素.西方哲学史(上).北京:商务印书馆,1976:61.

② 同①.

③ 同①.

推论整个世界的最早的例子①。这也从一个侧面证明了通过理性思维能够获得关于世界的真知。

谈完了思，再来谈"在"和"永恒"。"在"即"存在"，是巴门尼德学说的核心，因此，巴门尼德的哲学又被称为"存在"哲学。他的"存在"就是他心目中构成大千世界万事万物的始基或者本原，他认为"存在"具有"不生不灭""永恒不变""独一无二""完整不可分"等特点，基于此，他认为人的感觉是不真实的，大量可以感觉到的事物都是幻觉，唯一的真实存在的只有"一"，也就是存在，是无限的、唯一的、不动的。它并不是像赫拉克利特所说的那种对立面的统一，因为根本就没有对立面。譬如，"冷"仅意味着"不热"，"黑暗"仅意味着"不光明"。当然，也就不可能有赫拉克利特所说的那种"斗争中对立面结合起来就产生运动"，也不会有"一种由分歧而得到的统一"。这也就是巴门尼德说"没有事物是在变化"，"存在是永恒不变"的原因，也是本书认为其具有形而上学倾向的原因。

不仅如此，巴门尼德认为"作为思想和作为存在是一回事"，也就是存在的都是思维的对象或结果，可以被理性思考的对象都是存在的，当然，也是真实的，在巴门尼德的思想中"存在"不仅是"有"，同时也是"真"。而且理性思考所得到的认识也属于存在的范畴，具有真理性。

前面已经讨论了毕达哥拉斯主义也具有强烈的形而上学倾向，但与毕达哥拉斯不同的是，毕达哥拉斯只是在数学的范围内具有形而上学的倾向，而巴门尼德的"存在"哲学则将形而上学的观念贯穿于整个哲学领域，致力于通过理性、抽象思维和逻辑推理来认知和把握"存在"，从而使哲学全面超越感性经验，上升到纯粹理性思辨阶段，使哲学成为形而上学之学，进一步丰富了希腊哲学的理性主义内涵，并对柏拉图、亚里士多德的哲学思想产生重大影响，同时也开启了近代哲学形而上学的先河。

---

① 罗素.西方哲学史（上）.北京：商务印书馆，1976：62.

4.1.5 原子论的创始者：留基波和德谟克里特

原子论的创立者为留基波和德谟克里特。相较于后者留基波留给后人的资料很少，以至于有部分学者否认其存在。本书遵从英国著名哲学家罗素的看法，姑且承认其存在，并认为他和德谟克里特共同创立了原子论。按照罗素的说法，"这两个人是很难区别开来的。因为他们通常总是被人相提并论。而且显然留基波的某些作品后来还被认为是德谟克里特的作品"。[①]

原子论主要包括以下内容：其一，"相信万物都是由原子构成的，原子在物理上——而不是在几何上——是不可分的；原子之间存在着虚空；原子是不可毁灭的；原子曾经永远是，而且将继续永远是，在运动着的"。[②]相较于他之前的希腊哲学家（除毕达哥拉斯外），都是从有形的质料中寻找万物的始基和本原，原子论的创始者则摆脱了这一固定的套路，将看不见摸不着的原子作为万物之原需要丰富的想象力。当然，原子论的创始者观念中的原子由于缺乏实证基础，与现代科学所言之原子有着本质上的不同，因而只能称为一种假想。但是这种假想对于人类认识自然具有里程碑式的重大意义，它彻底摒弃了古希腊神创万物的幻想，树立了彻底的唯物主义观念，进一步弘扬了理性主义精神。

其二，相信原子是构成物质的最小单位，原子是不可分的，原子的数目是无限的，原子的种类也是无限的，不同之处在于形状、大小和位置。因此，不同种类的原子构成了世间具有不同形状、不同性质、特点的万事万物。亚里士多德说过，按照原子论者的说法，构成了火的球状原子是最热的[③]。这就从根本上探讨了事物本身及其性质、特点是如何形成的。

其三，原子是永远运动着的，其运动特征应该像近代物理学中布朗运

---

① 罗素.西方哲学史（上）[M].北京：商务印书馆，1976：80.

② 同①，81–82.

③ 同①，82.

动理论所指出的气体分子的运动那样是杂乱无章的自由运动。德谟克里特说，在无限的虚空里既没有上也没有下，原子在灵魂中的运动就像是没有风的时候尘埃在阳光下的运动。并且，由于冲撞的结果，原子群就形成了漩涡。漩涡产生了物体，并产生了世界。有着许多的世界，人本身也是一个世界，有的在生长，有的则在衰亡。每个世界都有始有终。这就是原子论者的宇宙观。

其四，世界是由原子和虚空构成的，虚空可以看作构成世界的另一个本原。"虚空是一种不存在，而存在的任何部分都不是不存在；因为存在就这个名词的严格意义来说，乃是一种绝对的充满"①，而虚空与之相对，则是绝对的不充满，不具有充实性，类似容器的性质，因此，可供原子在其中自由地运动。这些无穷无尽的原子"由于联合就产生了生成，由于分离而就产生了毁灭。此外只要当它们偶然相接触时（因为这里它们不是一）它们就起作用并且被作用，由于聚合在一起互相纠缠他们就可以繁殖"。②

其五，德谟克里特是一个彻底的唯物主义者，他认为灵魂是由原子组成的，思想也是一个物理的过程，符合机械运动法则。宇宙间并无目的，只有被机械运动法则驾驭着的原子。他不信神，也反对阿那克萨哥拉的nous（心，理智）。德谟克里特把一切都物质化、机械化了。

其六，以前的希腊哲学家或多或少都把万物的形成归之于机缘，而原子论者却是严格的决定论者，他们相信万物都是依照自然规律而发生的。德谟克里特就曾明白地否认过任何事物可以因机缘而发生。留基波也曾说过："没有什么是可以无端发生的，万物都是有理由的，而且都是必然的。"③只要这个世界一旦生成，它的发展、变化就无可更改地被机械的原则所决定了。由此可见，德谟克里特等是以机械唯物论而不是像其前辈阿那克萨哥拉那样以唯心论的方式阐释宇宙的形成及发展、变化，从而将希腊哲学沿着理性主义的道路向前推进了一大步。

---

① 罗素.西方哲学史（上）[M].北京：商务印书馆，1976：86.
② 同①，86.
③ 同①，83.

4.1.6 道德理性的推广者：苏格拉底

与其前辈希腊哲学家毕生探索自然、从事科学哲学研究不同，苏格拉底将自己的一生奉献给了道德理性的推广，从而使理性主义的光芒能够照耀更多的平民。因此，有人赞扬他使哲学"从天上回到了人间"。毫无疑问，这是希腊哲学发展史上的又一次重大转折，也是理性主义的又一次大规模的开疆拓土。

先前的哲学家主要将探索的目光投向自然和宇宙，竭尽全力洞悉万事万物的起源和奥秘，他们所从事的是一种思辨的、形而上的哲学。苏格拉底则将研究的目光从宇宙万物转向了人类自身和人类社会，譬如，什么是真善美、什么是正义、什么是非正义、什么是勇敢、什么是怯懦、什么是诚实、什么是虚伪、什么是友谊、什么是智慧、什么是知识、什么是国家，什么样的人才有资格成为领袖，等等。苏格拉底认为，哲学家应该是热爱智慧的人，而不仅仅是有智慧的人。苏格拉底的哲学不只是一种思辨哲学，更是一种经验哲学、实践哲学，将哲学与道德伦理和价值判断联系起来。他毕生所倡导的是一种道德理性，主要体现在如下几个方面：

其一，在对大自然和对人的探求上，苏格拉底认为，对于自然的探求是无穷无尽的，并且，感觉世界常变，因而得来的知识也是不确定的。苏格拉底要追求一种不变的、确定的、永恒的真理，这就不能求诸自然外界，而要返求于己，研究自我。他的名言是"认识你自己"。从苏格拉底开始，人与自然明显地区别开来。人不再仅仅是自然的一部分，而是和自然不同的另一种独特的实体。

其二，对于灵魂的认识。希腊最负盛名的自然哲学家德谟克里特认为灵魂是由原子组成的，思想也是一个物理的过程，按照机械法则运动。他将精神与物质一体化了，并且，灵魂随着组成灵魂原子的分化而消散。而苏格拉底则认为灵魂属于精神的范畴，不属于物质的范畴，二者有着本质的不同，从而将精神和物质彻底区分开来。在苏格拉底看来，物质世界的产生与消亡，不过是某种东西的聚合和分散而已，而精神世界是由非物质构成，不会消亡，永世长存。人的灵魂也是如此，灵魂不灭，灵魂不朽，并随着人的离世而转移到另一个世界。尽管苏格拉底以前的哲学家，已有灵魂不灭的说法，已有唯心主义和唯物主义对立的萌芽。但在他以前的哲学家对于灵魂的看法还比较模糊，唯心主义和唯物主义的界限还不十分明晰。因此，苏格拉底将精神和物质明确区分的观点，仍具有重大的开创性意义。

其三，关于真理的看法。苏格拉底反对智者们的相对主义，认为"意见"可以有各种各样，"真理"却只能有一个。"意见"可以随各人以及其他条件而变化，"真理"却是永恒的、不变的。在柏拉图涉及苏格拉底的早期对话中，讨论的主题几乎都是如何为伦理道德下定义的问题。苏格拉底所追求的，是要求认识"美自身""正义自身"，即要认清具有普遍必然性、本质的美和正义，而非个别、不确定的美和正义，这才是具有真理性的真正的知识，也就是柏拉图所说的"美的理念""正义的理念"。这就是西方哲学史上"理念论"的雏形。苏格拉底还进一步指出，自然界的因果系列是无穷无尽的，如果哲学只去寻求这种因果，就不可能认识事物产生的最终原因。他认为事物产生的最终原因是"善"，这就是事物的目的性。他以目的论代替了因果论，对后来的亚里士多德哲学造成了很大影响。

其四，关于伦理的学说。苏格拉底建立了一套知识即道德的伦理体系，他曾说："没有一个人是明知而又故意犯罪的，因此使一切人德行完美所必需的就只是知识。"① 该体系核心是探讨人生的目的和善德。他强调人们应该认识社会生活的普遍法则和"认识自己"，认为人们在现实生活中获得的各种有益的或有害的目的和道德规范都是相对的，只有探求普遍的、绝对的善的概念，把握具有普遍必然性的关于善的知识，才是人们应该追求的最高的生活目的和至善的美德。苏格拉底认为，人们只有摆脱物欲的诱惑和后天经验的局限，获得观念性的知识，才会有智慧、勇敢、节制和正义等美德。他认为道德只能凭心灵和神的安排，道德教育就是使人认识心灵和

---

① 罗素.西方哲学史（上）[M].北京：商务印书馆，1976：115.

神，听从神灵的训示。苏格拉底这里所提到的心灵和神，分别是指人的善良天性和抽象理性思维，从而显现出强烈的道德理性色彩。苏格拉底反复强调知识对构建伦理体系的重要性，认为伦理道德要由理智来决定，这种道德理性主义，对后世西方哲学产生了深远的影响。

其五，关于治国的主张。苏格拉底强调专家治国论，专业的事情必须交由专业的人去办。他认为各行各业，乃至国家政权都应该让经过训练，有知识才干的人来管理，反对以抽签选举法实行的民主。他说管理者不应是那些握有权柄、仗势欺人的人，不应是那些由民众选举的人，而应该是那些懂得怎样管理的人。比方，一条船应由熟悉航海的人驾驶；纺羊毛时应由妇女管理男子，因为她们精于此道，而男子则不懂。他还说，最优秀的人是能够胜任自己工作的人。精于农耕的便是一个好农夫；精通医术的便是一个良医；精通政治的便是一个优秀的政治家。同样体现了其理性主义态度。

其六，对于教育。苏格拉底主张，首先，要培养人的美德教人学会做人，成为有德行的人。其次要教人学习广博而实用的知识。他认为，治国者必须具有广博的知识。他说，在所有的事情上，凡受到尊敬和赞扬的人都是那些知识最广博的人，而受人谴责和轻视的人，都是那些最无知的人。最后，他主张教人锻炼身体。他认为，健康的身体无论在平时还是在战时，对体力活动和思维活动都是十分重要的。而健康的身体不是天生的，只有通过锻炼才能使人身体强壮。

在教学的方法上，苏格拉底通过长期的教学实践，形成了自己一套独特的教学法，他本人则称之为"产婆术"。产婆术原是为婴儿接生，而他借此喻为为思想接生，引导人们产生正确的思想。"苏格拉底方法"自始至终是以师生问答的形式进行的，所以又称"问答法"。苏格拉底在教学生某种知识时，不是把知识直接传授给学生，而是先向学生提出问题，让学生回答，如果学生回答错了，也不直接纠正，而是提出另外的问题引导学生再思考，从而一步一步得出正确的结论。他用启发式教学方法替代了灌输式教学方法，更符合人的认知规律，更具科学性，直到今天仍被广泛采用。

其七，苏格拉底的哲学不仅是一种思辨哲学，更是一种实践哲学。苏格拉底认为，人类只有摆脱包括物欲在内的各方面诱惑，才能养成智慧、勇敢、节制和正义等美德。他自己对此是身体力行，阿尔西拜阿底斯在《筵话篇》中描述从军中的苏格拉底在供应被切断，整支军队不得不枵腹行军，他比所有其他人都表现出了惊人的忍耐力——在着实冷得可怕的冬天，别的士兵用很多衣服，把自己紧紧包裹起来，脚上裹着毛毡。只有苏格拉底穿着平常的衣服，赤脚走在冰面上，但他比别的穿了鞋的士兵走得更好①。

他对肉体情欲的驾驭也常常为人所称道。他很少饮酒，但他饮酒时能喝得过所有人，从没有人看见他喝醉过。在爱情上，哪怕是在最强烈的诱惑之下，他也始终是"柏拉图式的"。罗素称"他是一个完美的奥尔弗斯式的圣者；在天上的灵魂与地上的肉体二者对立中，他做到灵魂对于肉体的完全驾驭"。②面对死亡的淡漠，更是这种驾驭力的表现。同时，他对法庭对他的死亡判决坦然接受，也表现出了他对法律的尊重。他确确实实是一个知行合一、努力践行自身主张、令人敬佩的正人君子。

4.1.7　柏拉图及其理念论

柏拉图是古希腊理性主义的集大成者，与其学生亚里士多德一起将希腊理性主义推向了最高峰。正因为此，英国哲学家怀特海曾说，西方两千年的哲学史，不过是柏拉图的注脚而已。这话虽言过其实，但足以显示其在西方哲学史上的重要地位。柏拉图对人类社会贡献卓著，本书无法穷尽，只能就其理性主义最为耀眼的理念论作一阐述。

柏拉图的理念论主要来源于他的前辈毕达哥拉斯、巴门尼德、赫拉克利特及苏格拉底。

从毕达哥拉斯那里他继承了奥尔弗斯主义的成分，即宗教的倾向、灵

---

① 罗素.西方哲学史（上）[M].北京：商务印书馆，1976：114.
② 同①，115.

66

魂不朽的信仰、出世的精神及洞穴寓言所包含的思想，特别是对数学的崇拜和理智与神秘主义的交织。

从巴门尼德那里继承了实在是永恒不变的，没有时空的限制，并从理论上推导出变化是不存在的。

从赫拉克利特那里继承了"万物流变"的思想，认为感性世界是变动不居的，人们无法认识和把握。人类的真知只能来源于人类的理智，这与毕达哥拉斯的知识理性十分契合。

从其老师苏格拉底那里则继承了道德理性，以及为世界寻找目的而不是因果关系的企图，并让"善"主导其思想。

柏拉图理念论的逻辑起点是"现象"与"实在"的区别，柏拉图认为现实世界是由可感知的具体事物构成的，这是一个不断变化、不完美且相对的世界，他称之为"现象世界"或"影像世界"。

然而，在现象世界之上还有一个永恒不变、绝对真实的世界，即"理念世界"或"形式世界"。在这个世界里，存在着各种理念或形式，它们代表了每一种具体事物的本质或理想类型。理念世界是真实可靠的，而现实世界只不过是理念世界微弱的影子，并不可靠。

由此出发，柏拉图提出了"意见"和"知识"的区别。意见源于感官所接触的现象世界或影像世界；而知识则出自超感觉永恒不变的理念世界或形式世界。柏拉图认为，一切个别可感的对象都介于存在与不存在之间，只适于作为意见的对象，不适合做知识的对象。"但那些看到了永恒与不变的人们则可以说是有知识的，而不仅仅是有意见的。"[①] 现象世界中有形的东西是流变的，但是构成这些有形物质的形式或理念却是永恒不变的，因此，前者不能成为知识，只能成为意见，而后者则可以成为知识。柏拉图举例说，当我们说到"马"时，我们没有指任何一匹马，而是称任何一种马。而"马"的含义本身独立于各种马（"有形的"），它不存在于现实的空间和时间中，因此是永恒的。但是某一匹特定的、有形的、存在于感官世界的

---

① 　罗素.西方哲学史（上）[M].北京：商务印书馆，1976：158.

马，却是"流动"的，会死亡、会腐烂。前者关涉事物的整体和本质，而后者只关涉个别的事物和现象。

我们对那些变幻、流动的事物不可能有真正的认识，我们对它们只有意见或看法，我们唯一能够真正了解的，只有那些我们能够运用我们的理智来了解的形式或者理念。因此，知识必须是固定的和肯定的，不可能有错误的知识，错误的知识不成其为知识。但是意见是有可能错误的。

关于对"理念"或"形式"的看法，也是构成柏拉图理念论的一个重要内容。柏拉图认为，凡是若干个体有着一个共同的名字的，它们就有着一个共同的"理念"或"形式"。譬如，虽然有着许多床，但只有一张床的"理念"或"形式"。正像镜子里所反映的床仅仅是现象而非实在，所以各个不同的床也只是现象而非实在，只是理念的"摹本"。理念才是由神创造的实在。哲学家所要关心的是一张理念世界的床，而不是感觉世界发现的许多张床。

谈到这里，就不能不谈柏拉图是如何看待哲学和哲学家了。柏拉图认为哲学乃是一种洞见，"对真理的洞见"，而哲学家则是一个能"洞见真理"的人。什么是对真理的洞见？柏拉图认为一个爱好美的事物的人，一个喜欢艺术、欣赏艺术的人，并不能成为哲学家，因为他只不过是爱好美的事物，而哲学家则爱着美本身。前者通过感官感觉就可以做到，而后者则需通过超验的理性思维，即洞见才能达到。这是柏拉图对其老师苏格拉底思想的发展和升华。

为了清晰地说明两者间的区别，柏拉图用视觉上的类比来加以阐述。他说，视觉和别的感官不同，它不仅需要眼睛和对象，而且还需要光。太阳照耀着的物体人们就看得很清楚；晨光微熹中的事物人们就看得很模糊；漆黑一片的深夜人们就啥都看不见。理念世界就是洒满阳光的世界，万物流转的感性世界则是模糊朦胧的世界。眼睛可以比作灵魂，而太阳则可以比作真理或者是善。

灵魂就像眼睛一样，当它注视着被真理和善照耀着的物体的时候便能看清它们，了解它们，这是因为，灵魂有理性、有智慧，能思维；但是当它转过身去注视变幻无常模糊朦胧的世界时，就捉摸不定、无法把握，好似失去了理性和智慧。柏拉图认为，赋予被认识的事物以真理性并赋予认识的人以认识能力的东西，就是被称之为善的理念的东西，也可以把它当着知识的原因。

由此可见，善的理念既是认识能力的来源，也是知识和真理的源泉。柏拉图还进一步指出："知识的对象不仅从善那里得到可知性，而且从善那里得到它们的存在和本质，但是善本身不是本质，而是比本质更加尊严、更有威力的东西。"[①] 所以善的理念不仅是认识的源泉，而且还成为了赋予知识的对象以存在意义和衡量其价值的尺度。换言之，没有了善的理念，世界也就没了存在的意义和价值，世界将陷入混沌和黑暗之中。从某种意义上说，世界是由善决定的。由此可见，善的理念在柏拉图理念论中具有至高无上的地位，柏拉图也因此构建其较为完整的理念论哲学体系，烛照西方理性主义传统达数千年之久。

4.1.8　希腊理性主义的高峰：亚里士多德的形而上学

早期的古希腊先贤，尽管彼此之间也相互影响，但由于当时人类理性主义还处于萌芽时期，相互间可资借鉴的重要成果还不是很多，因此，其主要精力用于建立各自的学说。到了柏拉图时代，希腊哲坛已是名家荟萃，各种学说争奇斗艳，尽管如此，这些学说仍难以摆脱人类理性主义早期的弱点：理性与反理性交织、瑕瑜互见、矛盾重重、难以自洽……按照罗素的说法，用现当代的观点去看希腊先贤们的学说往往是错误远多于正确。正因为如此，希腊哲坛亟需要大师义无反顾地站出来匡邪扶正、博采众长、融会贯通，并在此基础上构建一座统一的理性主义大厦，从而将理性主义推向一个新的高度。而柏拉图和亚里士多德正是这样的大师！相较于柏拉图，在构建宏大完整的哲学体系方面，亚里士多德更显得功勋卓著。

---

① 柏拉图.柏拉图全集（第 2 卷）[M].北京：华夏出版社，2023：506–507.

亚里士多德面临的首要任务就是要在前人纷繁复杂、漏洞百出、相互矛盾研究的基础上构建起一座本体论哲学的大厦。"本体"一词源于拉丁文on（存在、有、是）和ontos（存在物）。17世纪德国经院学者第一次使用本体论一词，并将它解释为形而上学的同义语，所以"本体论"又名"形而上学"，是对构成世界的本原，世界产生、运动、发展、变化、消亡的原因及万事万物之间关系的研究，这些都是哲学研究的基本问题。

如果说柏拉图理念论的逻辑起点是"现象"与"实在"的区别，亚里士多德构建本体论大厦的第一块砖则是"四因说"。在《形而上学》A卷中亚里士多德概括了希腊先贤思想的要义，试图从中找出一条贯串各家学说的统一线索。这个统一线索就是"求知是人类的本性"①，也是哲学即智慧的核心。而在古希腊，求知不外乎寻找事物生成变化的原理和原因，"这样，明显地，智慧就是有关某些原理和原因的知识"。②亚里士多德认为，以往各先贤提出了许多解释和说明世界生成、变化的原理和原因，有的是从物质方面，有的是从运动方面，有的是从形式结构方面，还有的是从事物的目的方面。亚里士多德指出："我们必须研究智慧（索非亚）是哪一类原理与原因的知识。"③

在分析、归纳希腊先贤对世界生存变化的原理、原因的认识时，亚氏认为可以归纳为四个原因，即形式因、质料因、动力因和目的因。亚氏认为，以往先贤关注到的只有质料因和动力因，对于形式因和目的因只有个别哲学家有所认识，如柏拉图等。亚氏认为只用其中一两个原因来认识世界的生成与变化必然会陷入片面的泥潭而难以自拔，只有同时用这四个原因观察、认识世界才具有科学性。亚里士多德的四因说既是对前人思想与智慧的概括、总结和深化，同时，也为以后人类认识、把握世界提供了科学的方法。

在提出"四因"的过程中，亚里士多德发现，"形式因"是最根本的

---

① 亚里士多德.形而上学［M］.北京：商务印书馆，1959：1.
② 同①，4.
③ 同②.

原因，因为这里的"形式"与今天在一般意义上理解的"形式"完全不同，它不仅指事物的形状，而且还指事物的内部结构，事物的特点和本质。一言以蔽之，这里的"形式"指的就是事物质的规定性，"正是凭借着形式，质料才成为某种确定的东西"，① 才能成为"这一个"，才能够与他事物相区别，"形式"就是事物的界限。并且"形式"既是质料追求的目的，也是质料变化的动力。因此，也可以将"目的因"和"动力因"归于"形式因"之中，这样导致世界生成和变化的原因就可归结为"形式因"和"质料因"。关于"形式"和"质料"，亚里士多德认为，"形式"就是现实，就是实现的目的；而"质料"则是潜能，是待实现的目的，形式就像灵魂一样附着在质料之上，使之具有了自身的规定性及存在的意义。因此，"形式"是第一位的，"质料"是第二位的。用他自己所举的例子来说，如果一个人造了一个铜球，那么铜便是质料，球的形状及结构等便是形式，"球形及结构"才是构成铜球的本质，"铜"在构成铜球这一事物上只具有次要的意义。

此外，由于亚里士多德将动力因和目的因纳入形式因以后，形式因也就具有能动性和目的性，对事物的产生和变化具有决定性的作用。还拿上面的例子来说，一个铜球之所以能够产生，它的大小、结构、表面的花纹、装饰完全取决于雕塑者内心制作铜球所要表达的意愿和目的，全都由雕塑者在雕塑的过程通过特定的形式表达出来，并且形式是确定的、具体可感的、固定的；质料则是非确定、变化无常的、不固定的，对于事物的形成显得不那么重要。

正是通过反复、深入思考，在事物乃至在世界、宇宙生成的过程中，"形式"和"质料"哪一个更根本、哪一个才是真正构成事物的本体的基础上，亚里士多德构建起他的本体论哲学大厦。

本体是哲学的最基本命题，也是其终极命题，其他问题皆由此衍生而出。在《形而上学》中，亚里士多德曾提出过三种哲学本体，即质料、形

---

① 罗素.西方哲学史（上）[M].北京：商务印书馆，1976：210.

式及由这两者组合而成的个别事物。但经过反复思考和研究，他认为"形式"与"质料"和个别事物相比，形式更根本，形式才是构成事物的第一最高本体 [1]，是事物生成、变化的根源。而哲学（第一哲学）就是探讨最高本体，了解事物生成、变化规律的科学。

亚里士多德的哲学本体论以形式论为核心，层层深入。其研究方式摆脱了单纯依靠具体、可感、直观的事物，把人与自然的关系内化为思维领域的逻辑过程，从感性经验的不确定性、不可把握性上升到理性思维的超验世界从而获得可确定性、可认识性，在这方面亚里士多德很好地继承了其老师柏拉图的理念论。所不同的是，他并未像柏拉图那样彻底否认具体、直观、可感的事物对于人们认识世界的重要性，从他对"形式"的推崇就充分地证明了这一点。尽管亚氏心目中的"形式"更多是涵盖了事物内在的本质和规律，但不可否认它也包括了形状、结构、颜色等在内的一切感性元素，并认为它们也是构成事物及其变化的重要因素，而非像柏拉图那样主张哲学家只需关注"天上那张抽象概念的床"，而不必关心现实生活中木工制作的许多具体的床。

如果把四因说看成亚里士多德构筑本体论哲学的第一块砖，那么，对"存在"范畴意蕴的探索就是其构筑本体论的第二块砖。

在《范畴篇》中，亚里士多德通过语言逻辑形式即主宾词结构："甲是乙"，对"存在"范畴进行分析。在上述判断中，甲是主词，乙是宾词，宾词乙是用来陈述主词的。"范畴"一词在希腊文中，原本就有"陈述"的意思。亚里士多德广泛考察了语言的主宾关系，把"范畴"分为十类：实体、数量、性质、关系、地点、时间、姿态、状况、活动、遭受。在十大范畴中，"实体"是对"存在"本身的质的规定，其他都是对"存在"属性的规定，因此，只有"实体"才是事物最根本的东西，是"一"，是事物存在的基础，它才是真正具有哲学意义的"本体"。

在《范畴篇》中，亚里士多德认为"本体是存在的中心"，并且区分了

---

[1] 亚里士多德.行而上学［M］.北京：商务印书馆，1959：143.

"第一本体"和"第二本体","第一本体"之所以为"第一本体",因为它是构成其他事物的本原和基础。在《形而上学》第四卷中,亚里士多德又把它上升到哲学研究对象的高度予以把握,把"存在之所以存在""作为存在的存在"定为哲学研究对象。作为存在的"存在"显而易见是指一切存在事物的基础,它就是哲学的本体。这样的观点在《形而上学》(七)(八)(九)卷中得到了充分的论证。该部分为其本体论的核心。

在第(七)卷里,亚里士多德把"存在"分为"根本存在"和"作为属性的存在",只有前者是本体,而后者之所以也称为"存在"就是因为它们是"根本存在"的量或质、它的变化或其他规定性。亚里士多德认为,哲学研究的对象是"作为存在的存在",即存在的本体,虽然与作为事物属性的具体存在内涵不同,但它也不能脱离具体事物,它与具体事物是"一与多""变与不变""共相"与"殊相"的关系。变中不变的东西就是事物的本质,"本质就是本体",就是存在范畴的主体内涵。它是可定义的,是一种"原始存在",是第一位的。亚里士多德从逻辑、认识和存在三个方面确立了本体第一的思想从而使其本体论上升到一个新的高度。

亚里士多德构筑本体论哲学的第三块砖是从运动变化的角度来进一步丰富和发展本体论思想。

如果说亚里士多德的四因说、质料形式说及对存在范畴内涵的分析是从静态角度构筑本体论,那么,"潜能现实说"则是从动态方面阐释本体论思想。这些内容主要集中于《形而上学》第九卷。

亚里士多德将"存在"进一步分为"潜能"和"现实"。潜能意义上的存在是指"存在"的能力、目的、事物变化的出发点、根源,但只有当它向现实生成和转化时才是潜能,现实就是实现了的潜能,它是在运动中生成的,是实现了的目的。亚里士多德制定潜能和现实的范畴,一方面是为了说明本体的变化就是由潜能到现实的生成过程,在本体论的内涵中确立现实是真正的本体;另一方面是要把形式和质料、共相和殊相统一到事物的运动变化过程中去理解,构建一个不断发展、不断完善的本体论宇宙图式,揭示了整个宇宙只有在运动中才是现实的深邃思想,从而将其哲学本体论推向了顶峰。

亚里士多德本体论的构建，标志着古希腊理性主义从混乱走向有序，从多元走向统一，从幼稚走向成熟，欧洲理性主义迎来第一个高峰。

古希腊理性主义至亚里士多德等发展到高峰，此后，随着富庶强大的古希腊城邦因内战而衰弱，最终被北方崛起的中央集权马其顿王国所征服，盛极一时的古希腊理性主义也逐渐衰落。人们对传统的哲学产生了怀疑，对理性主义产生了动摇，于是古希腊晚期和古罗马时期的神秘主义和宗教神学相互交织，导致古希腊长期发展而成的理性主义哲学发生了重大变异，最终被归入宗教神学之中，成为了经院哲学、宗教统治的工具，从此，失去了理性光辉的欧洲进入了上帝长达一千多年的统治时期。

4.2 理性主义的发展

随着 15 世纪意大利文艺复兴和 16 世纪欧洲宗教改革运动的兴起，欧洲进入了一个大变革、大动荡，同时又孕育着无限希望和生机的时代。此时的欧洲，人文主义和自然科学逐渐兴盛，社会逐渐由封建主义向资本主义、由古代社会向现代社会转型。在此巨变的影响下，神学及经院哲学也逐渐被理性主义哲学所取代，中断了 1000 多年的理性主义传统迎来了又一个新的发展周期。

如果说古希腊理性主义传统主要侧重于对外部世界的认识，聚焦于构成世界的"始基"或"本原"，近现代理性主义则在主客观二分的基础上，不仅关注认识的对象——客体，同时更加关注认识的主体——人自身，如此就产生了所谓的经验认识论和唯理认识论的不同主张，从而形成了两大不同的哲学派别。这两派既相互影响、启发、借鉴和渗透，又相互辩驳和否定，在竞争中不断推动理性主义的发展。在此基础上康德对二者进行了调和构建了更为科学理性的认识论，马克思和恩格斯又在康德认识论的基础上引入实践论的观点，创立了马克思主义认识论，从而使认识论更加丰富和完善，更具有实际意义和现实性。

4.2.1　经验认识论

经验认识论又称"经验主义""经验论"，与"唯理论"相对，认为感性经验是认识的基础，是知识的主要来源，贬低甚至完全否认理性在认识过程中所起的作用。经验论有唯物和唯心之分。唯物主义经验论代表人物有培根、霍布斯、洛克、狄德罗等；唯心主义经验论的主要代表有贝克莱、休谟、马赫等人。

经验论的主要论点体现在以下几个方面：

其一，关于认识的来源。经验论认为，感性经验是一切知识和观念的主要、甚至是唯一来源，"凡是在理智中的没有不是早已在感觉中的"。经验一词既包括对感性认识所作的规律性的总结，也包括某种心理体验、生活阅历等。唯物主义经验论者则认为经验是外物作用于人的感官而引起，是对物质自然界的反映；唯心主义经验论则认为经验是主观自生或上帝赋予的，把经验限定为感觉或表象的总和，而这种感觉和表象是不依赖物质自然界的。二者尽管有所不同，但都把经验看作是认识和知识的主要来源，片面强调经验的重要性和真实性，忽视理性的重要性和真实性。

其二，关于感性认识与理性认识。经验论重感觉经验而轻理性思维，认为理性认识是抽象、间接的认识，思想愈抽象则愈空虚，愈不可靠，愈远离真理。有些经验论者持极端唯名论的观点，割裂个别与一般的关系，彻底否认抽象，否认有普遍概念和普遍命题；有些经验论者并不否认理性的作用，甚至提出感性必须与理性相结合，认为理性可以从经验概括出关于规律和因果必然性的认识，但是，他们或者觉得这种认识的可靠程度比感性认识低，或者认为理性认识毕竟只是感觉的量的结合，归根结底，他们否认理性与感性的质的差别；还有些经验论者承认理性在某些知识领域，如在逻辑和数学中有作用，可以得到普遍必然、确实可靠的知识，但是，又认为这种知识仅仅涉及观念间的关系或语词的意义，是先天的知识，与经验事实无关，而对事实的认识只有靠感觉经验，理性是无能为力的。

其三，关于认识的方法。经验论一般强调归纳和分析。但对于归纳，经验论者又有不同的看法。有的认为归纳是从个别到一般；有的认为归纳所得的结论有或然性；有的认为归纳推论是从个别到个别，即从许多个别的事例推到更多的事例。经验论者并不完全否定演绎，但是，他们或者把演绎放到次要的地位，或者认为演绎只在"非经验"的科学（主要是逻辑和数学）中才具有重要的作用。对于经验论者来说，归纳就是分析的过程。他们认为，分析就是把对象（包括事物、经验和知识）分解为组成的部分或元素，而这些部分或元素作为基本单位是不可再分的，各个组成部分或元素是固定不变、彼此孤立的，其整体不过是各个部分、元素机械的量的结合。这样的分析，忽视了事物之间的结合不是机械和量的结合，而是有机的结合，是质的改变，其结果往往是一加一大于二，因此，难以深入、准确把握事物本质。

其四，关于真理的标准。经验论认为，判断是否是真理须诉诸经验的检验和证实。也有部分唯物主义经验论者承认真理有客观的标准，它的确立可由实验来证明。但一般的经验论者，包括某些唯物的经验论者，则认为知识的真理性是由个人的感觉、集体的感觉或知识的实用价值来证实的。

其五，经验论主要源于英国，英国为海洋环抱的岛国，所以习惯上称为"海洋经验论"，这与英国有着悠久的唯名论传统，重视个别感性经验、重视个案有关；当然，也与其科学实验发达，出现了牛顿等注重观察和科学实验的科学家和培根、洛克等推崇经验归纳方法的哲学家有关；还与英国的工商业发达，在经济方面产生了对具体事物认识的强大动力，从而非常注重实践活动有关。

总之，不论是经验论还是唯理论，其目的都是运用理性的方式，获得普遍必然性的知识。其中，经验论者不相信先天的真理存在，认为知识和经验最初都源自感官，并且以归纳的方式整合知识。经验论将经验发展到极致，就成了怀疑主义，认为任何事情都是不可知的。经验主义认识论面临危机。

4.2.2　唯理认识论

唯理认识论又称"理性主义""唯理论",与"经验论"相对,认为只有理性才是认识的可靠来源,贬低乃至忽视感性认识的重要性,否认理性认识依赖于感性经验。与经验论相同的是,唯理论也有唯心和唯物之分。前者代表人物有笛卡尔、莱布尼茨、马勒伯朗士、沃尔夫等;后者代表人物主要是荷兰哲学家斯宾诺莎。

与经验论相对照,唯理论的主要论点体现在以下几个方面:

其一,关于认识的来源。唯理论不承认经验论所主张的一切知识都起源于感觉经验的原则,认为具有普遍必然性的可靠知识,不是也不可能来自经验,而只能来自先天的、无可否认的"自明之理",并由此经过严密的逻辑推理得到。唯理论者认为,这种"自明之理"如欧几里得几何学的公理,以及传统的形式逻辑的同一律、矛盾律、排中律等,就是人心中与生俱来的"天赋观念",只有依靠理性直接把握到事物本质的那种"理性直观知识",或依靠理性进行逻辑推理得来的知识即理性认识,才是可靠的,依靠感觉经验得来的感性认识是不可靠的,是错误的来源。

唯心主义唯理论的代表人物笛卡尔说:"'我思故我在'说得精神比物质确实,而(对我来说)我的精神又比旁人的精神确实。"[①] 由此可见,笛卡尔具有明显的唯心主义倾向。唯物主义唯理论的代表斯宾诺莎,他承认客观事物及其规律的实在性,但认为感性知识不可靠,只有通过理性直观和推理才能把握事物规律,得到可靠的知识。唯物主义的倾向十分明显。

其二,关于感性认识与理性认识。唯理论片面强调理性,认为可以不依赖感觉经验而仅靠理性直观和推论去获得具有普遍必然性、确实可靠的知识。他们虽然也给予感性认识一定地位,但是总认为感觉经验是模糊不清的、不断变化的、不确切的,并且会导致错误,不可能达到普遍必然性和确实性。

---

① 罗素.西方哲学史(下)[M].北京:商务印书馆,1976:93.

其三，关于认识的方法。与经验论强调归纳和分析不同，唯理论偏重演绎和综合，认为全部知识都应当像几何学那样从直观"自明"的普遍的概念、定义和公理出发，通过推理演绎出来，这种演绎把相关概念联结成一个具有必然性的逻辑次序的系统，从而能够在总体上综合地把握真理。

其四，关于真理的标准。唯理论者认为真理的标准即在真理自身。他们或者认为真理具有自明性，它的清楚明白的性质就是区别于谬误的可靠标志；或者认为知识的真理性在于其自洽而前后贯通无矛盾。

其五，与经验论主要出于英国，被称为"海洋经验论"不同，唯理论则主要集中在欧洲大陆，被称为"大陆唯理论"，而欧洲大陆则是正统的实在论占主导地位，重视具有普遍必然性的东西；此外，当时的巴黎则是欧洲的数学中心，许多哲学家本人就是数学家，如笛卡尔发明了解析几何，莱布尼茨发明了微积分，他们大多推崇纯理性的演绎方法，第三，在西欧大陆，封建贵族的专制力量比英国要强大得多，能给人们带来新知识的实践活动受到较大阻碍，因此，在对知识的探求方面，主要还是以欧洲的哲学思辨传统为主。

综上，唯理论者认为理性应该成为知识的准则，以先天知识为源泉，以演绎推理为形式，所有命题之间都应以逻辑关系连接起来的方式建立知识大厦。唯理论者最终将唯理论发展成了独断论，认为不需要任何经验就可以推出一切知识。这对于数学、逻辑学等只需纯理性思维的学科大体正确，但对于众多离不开实验与观察的应用型学科如物理、化学、天文学以及众多社会科学等则完全错误。认识论大厦的建成还需努力。

4.3 理性主义的成熟：康德及马克思主义认识论

16—18 世纪的"经验论"和"唯理论"，都试图单纯从感性经验归纳或单纯从抽象理性推理的角度获得对世界的理性确凿的认识，构建人类理性确凿认识世界的认识论体系。然而，不幸的是这两条路都没有能够走通。唯理论存在的问题可谓是一目了然，在上一节最后笔者已作了清晰的阐述，在此不再赘述。经验论从其创始人笛卡尔到其收官人休谟莫不抱着"明理性、重经验，什么也不轻信，却追求由经验和观察能得到的不拘任何知识"。然而，最终却得出了"从经验和观察什么也不能知晓这个倒霉的结论"①。认识论面临崩溃的危险，人类理性主义也面临空前的危机，亟需有伟大的思想家、哲学家挺身而出，挽救理性主义发展过程所遭遇的危机，以推动人类思想、认识能力在一个更高水平上发展。而康德及马克思、恩格斯正是这样扭转乾坤的伟人。

4.3.1　康德的认识论

德国著名哲学家康德在对经验论和唯理论两派哲学长期考察、深入研究的基础上，通过调和两派观点，扶大厦于将倾，构建了更为科学、合理的理性主义认识论。

与经验主义认识论相似的是，康德也认为经验是人们认识世界的源泉，他说"我们的一切知识都从经验开始，这是没有任何怀疑的"②。但他还认为仅有经验是不够的，因为，它们往往是杂乱无章的感性杂多，无法成为知识。要使经验真正成为知识，必须经历一个复杂的认识过程。首先，康德认为人具有感性，人必须用感性中先天的时空形式去综合统一这些杂乱无章的感性材料，才能使之成为经验知识，成为主体认识的"经验对象"。时空形式之所以重要，是因为时空是事物得以存在的最基本形式，不存在既无时间又无空间的事物，当然也不存在没有任何事物单纯的时空；同时，时空又是"我们主观装置的部分"，是人类认识和把握事物不可或缺的工具，康德把它称作"纯粹直观形式"。通过它"可使杂多者按某种关系整列起来"。通过时空形式整合的感性材料不再是纯粹的"自然之物"，而是打上了主观烙印的经验对象，这就像是在主客观之间建立起了某种联系。客观事物如何转化为主观意识，这正是先前经验主义者难以逾越的鸿沟，也

---

① 罗素.西方哲学史（下）[M].北京：商务印书馆，1976：228.

② 康德.《纯粹理性批判》[M].邓晓芒译，杨祖陶校.北京：人民出版社，2022：导言，第1页.

是怀疑论、不可知论出炉的根本原因。康德在此给予了有效的化解，主客观互动成为可能。

其次，康德认为人不仅具有感性，同时还具有知性。康德的知性学说认为，人类获得知识需要两个条件，一是消极被动的感性经验，亦即客观内容；一是积极能动的知性范畴，亦即主观形式。二者在认识过程中是"被规定者"与"规定者"的关系，后天的感觉经验仅具有个别性和或然性，它只有纳入具有普遍性和必然性的先天知性形式中，才能形成具有普遍必然性的科学知识。对于人的知性的高度重视，体现了康德充分继承并发扬了唯理论的精髓。

与传统经验论和唯理论单纯从客体和主体单方面认识世界不同，康德是从主客体相互作用中探索认识过程。他认为，要真正解决"认识何以可能"，必须深刻了解主客体双方在认识过程中相互之间的关系、所起的作用。一方面，客观事物对主体感官具有综合刺激作用；另一方面，也是更为重要的一面就是认识主体的直观形式对因综合刺激而产生的经验的接纳、梳理和整合。认知对象的确立，必须由源于客观上的感性经验和源于主观上的形式共同决定。康德认为，构成认识对象的只能是作用于主体，通过先天直观形式给主体造成实在印象的"物自体"的现象。不能被主体感知的"物自体"本身不能成为认知的对象。在这里，康德比前人的高明之处在于，他是站在主体的立场，从主客体的相互关系和主体的对象化角度去研究"知识何以成真"。马克思认为，以前的经验论者，把认识客体仅仅当作直观的对象，仅仅看到这些对象对主体的作用，而没有看到物质自然界是由于主体能动的感性活动，才由自在之物转化为主体认识的客体、认识的对象的[①]。

康德是通过主体将自身投射到客体上，将客体对象化去考察、研究客体的，认为对对象的认识受主体认知水平的制约，强调主体在认知过程中的决定性作用，这比先前经验论者刻板、僵化的客体决定论更具有理论价

---

① 马克思，恩格斯. 马克思恩斯选集（第1卷），北京：人民出版社，1972：47.

值和实际意义。

最后，经验论者认为，主体与认知对象间是一种简单、直接的二项式的关系①。认识过程就是主客体间的相互碰撞，认识的获得就是碰撞在主体大脑中留下的印痕。人的思维中的概念范畴总是同外界事物相对应的，即所谓对客观事物的反映。而康德则主张，作为客体的现象进入认识的过程是通过一定的中介才能为知性范畴所规定、所把握，这个中介就是时空，时空的神奇之处就在于，既能使知性概念具体化而获得丰富的感性内容，又能使感性直观抽象化而获得普遍性和抽象性，有了这样一个中介，认识活动才能够深入进行。

此外，人类要认识客观世界自身还必须具备认识客观世界的先天能力，即认识的前结构，也可称为"范式"或"图式"。这个认识的前结构其实就是前面提到的认知主体自我意识的先天感性形式和先天知性形式，前者对来自物自体的刺激进行感知，感知的过程并非被动的接受，而是通过具有先天直观的时空形式进行规制，使之成为可被认识的经验对象；后者则对经过接纳和梳理已成为认识的经验对象用各种范畴和概念进行整合和加工，从而构造出具有普遍必然性的知识。在这一过程中认识主体始终占据了主导地位，不再成为客体的"奴仆"，被动接受客体的刺激，甘做客体的镜子。而是如康德所言，不是"向来人们都认为，我们的一切知识都依照对象"，而是"假定对象必须依照我们的知识"②，换言之，不是人的知识符合自然对象，而是"人的知性为自然立法"！在此，康德提出了认识的使命不是被动地反映世界，而是能动地解释世界，从而实现了所谓认识论的"哥白尼式的革命"，从而将认识论哲学推向了一个新的高度。

4.3.2　马克思主义的认识论

康德高扬主体能动性的大旗，从主客体相互作用，特别是主体对客体

---

① 干成俊.近代认识论的螺旋式发展［J］.淮北煤师院学报（社会科学版），1998（4）：32–35.
② 康德.纯粹理性批判［M］.邓晓芒译，杨祖陶校.人民出版社，2022：第二版序，第12页.

的对象化角度，努力跨越主客体间的鸿沟，解决了客观事物如何能够成为主观意识，从而证明了"世界如何认识""知识何以成真"这个人类从"自在"走向"自觉"以来就一直存在的难题。实事求是地说，康德给出的答案尽管看上去很科学、很完满，然而却内含很大的缺陷。因为，康德只看到了人是理性的动物，却忽略了人还是实践的动物，理性是人的本质特征，对于人认识世界具有巨大作用；实践同样也是人的本质特征，对于人认识世界同样具有不可或缺的巨大作用。而这一开创性的发现毫无疑问应归功于革命导师马克思和恩格斯。实践对于认识的巨大作用主要体现在以下几个方面：

1. 认识主体是实践的产物

在先前的认识论者眼中，主体是"被动的人"，在认识活动中就像一面镜子，刻板、僵化地反映客观世界；在康德眼中，主体则是"能动的人"，但其认识活动也只是局限于人自身，看不到主体与他人、主体与社会的关系；马克思主义实践认识论则跳出个体小圈子，将主体置于社会实践宏大的背景中予以考察，主体则成了"社会性实践的人"。主要表现在以下几方面：

首先，人的自身是实践的产物。人的四肢、躯干、头脑及各种生存技能等无不是从生活、生产中发展起来的，没有生活、生产这些实践活动就不可能有作为肉体人的发展，甚至连生存都成问题。

其次，人的意识（自我意识和对象意识）也是在实践活动中形成的。发生认识论的作者皮亚杰就曾借美国心理学家鲍德温的观点指出，"幼儿（指刚出生不久的婴儿，笔者注）没有显示出任何自我意识，也不能在内部给予的东西和外部给予的东西之间作出固定不变的划分"。① 他认为，一个既无主体也无客体的客观实在的结构，提供了在以后将分化为主体和客体的东西之间唯一一个可能的连接点就是活动（实践）。只有活动（实践）才能够将主客体区分开来，并建立起自我意识和对象意识。活动（实践）是人的意识的源泉。

---

① 皮亚杰.发生认识论原理［M］.王宪钿，等译，胡世襄，等校.北京：商务印书馆，2023：23.

再次，作为认识主体的人，并非单个、封闭的人，在劳动实践中人与人结成各种不同的社会关系，从而成为社会的人获得作为人的本质属性。

最后，在社会实践中，作为认识主体的人，都会形成特定的知识背景、价值体系、思维模式、心理结构等，这些都构成了认识主体的认知结构，对主体的认知能力起着制约作用。

由此可见，人在实践过程中在改造客观世界的同时，也改造了人自身，促进了人的成长与进步。

2. 认识客体也是实践的产物

先前的认识论者所了解的客体，只能是一种可能性意义上的客体。就现实性而言，处于一定历史阶段成为客体的只能是那些进入主体活动范围并与主体发生关系的事物。究竟哪些事物能够最终成为认识的对象，取决于主体的现实需要，取决于主体的实践能力和认识能力。主体总是按照自己预定的目的，根据自己所具备的本质力量，通过亲身的实践活动，才能使外界事物成为对自己有意义的认识客体。同时在对象性活动中，随着主体实践能力和认识能力的不断提升，客体的范围和层次也在不断地变化。先前的认识论者"没有看到，他周围的感性世界绝不是某种开天辟地以来就已经存在的始终如一的东西，而是工业和社会状况的产物，是历史的产物，是世世代代活动的结果"。①

3. 认识是以实践为基础的主体对客体能动的反映

康德认为认识来源于主客观的相互作用，主观在这一过程中起到了决定性的作用，这对马克思、恩格斯具有很大的启发性。但是，康德所理解的认识发生过程完全局限于认识主体的内部，完全忽视了人的社会实践活动对于人认识的意义，同时也完全不了解人的认识分为两个阶段——感性认识阶段和理性认识阶段，前者属于认识的初级阶段，后者属于认识的高阶阶段。

马克思主义实践认识论，又称为辩证唯物主义认识论认为，实践是认

---

① 马克思，恩格斯. 马克思恩斯选集（第 1 卷），北京：人民出版社，1972：48.

识的基础，所谓实践就是主观与客观的相互作用与改造，就是主观与客观相互结合与碰撞，就是主客观的对立统一。换言之，实践就是人们改造世界（包括主观与客观）的社会活动。实践能使客观事物的本质与规律得以真实地显现，正因为如此，认识离不开实践，必须以实践为基础。

它还认为，认识从实践中产生，随实践而发展、深化。认识的根本目的是为了实践，认识的客观性、真理性也只有在实践中得到证明；还认为认识的发展过程是从感性认识上升到理性认识，再由理性认识回到能动地改造客观世界的辩证过程；一个正确的认识，往往需要经过物质与精神、实践与认识之间的多次反复，社会实践的无穷性决定了认识发展的永无止境，从而揭示了认识的本质过程。

马克思主义把实践引入认识论，同时也把辩证法应用于反映论，这就使唯物主义的反映论同辩证法的能动性有机地结合起来，从而创立了能动的革命的反映论。

以认识论为核心的近现代理性主义，经过培根、笛卡尔、洛克、莱布尼茨，特别是康德、马克思、恩格斯等人的努力，终于达到了一个新的高峰。理性主义不光推动了思想、文化和科技的日新月异、经济的发展、政治的文明、社会的转型，同时也为教育的产生和进步带来不可估量的影响，而教育的进步反过来又促进了整个人类的发展。

4.4　理性主义对教育的影响

教育是人类社会发展到一定阶段的产物，更确切地说是人类理性主义发展到一定阶段的产物。理性主义不仅孕育、催生了教育，更对教育的发展起到了巨大的推动作用。理性主义对教育的影响主要集中在以下几个方面。

4.4.1　赋予教育以目的、意义和灵魂

教育的目的是什么？这是古往今来人们谈到教育不禁要问的一个问题。该问题对于不同的时代、不同的社会、不同的国家和地区及不同的人都会

有不同的回答。本书超越具体的时间、地点、环境和人，从有史以来整个
人类社会发展的总体状况来看，教育最根本的目的就是培养人，培养具有
理性的人（用美国著名学者布鲁贝克的话说则是"理智的人"）。因为理性
既是人与动物相区别的根本标志，也是人最为本质的特征，并且人所具有
的理性程度代表了人所达到的文明程度。因此，教育的终极目的就是培养
理性的人，就是要不断提高人的理性水平。

理性主义不仅赋予教育以目的，更赋予了教育以意义和灵魂。教育采
用的各种观念、思想和方法，教授的内容及取得的成效等是否具有意义和
价值，是否值得推广，教育本身无法评估和判断，只能交由理性和理性主
义来审视和判断。此外，理性主义的核心就是探索世界，追求真理，获得
对自然、社会及人自身的真知。理性主义认为大千世界尽管看上去瞬息万
变、纷繁复杂、难以琢磨，实际上却蕴藏着内在的规律，是由各种因果关
系构成的，具有一定的必然性和秩序性，只要了解其内在规律，世界是完
全可以被认识和把握的。人的认识来源于主观与客观经过实践的相互互动，
因此，理性主义要求教育引导学生对各种自然和社会现象始终葆有一颗好
奇心、求知欲，要热爱自然和社会并与之亲密接触与互动；引导学生尊重
知识、崇尚科学，勇于和善于探索真理；要实事求是，尊重客观真理；要
了解真理都是相对的，不存在绝对的真理，对真理的追求永无止境；要具
有怀疑和批判精神，尊重权威而不迷信权威；要有一种穷追不舍、不畏艰
难、不知疲倦、不达目的绝不罢休的探索精神；同时还要有捍卫真理并为
其献身的精神。

此外，道德理性要求教育不仅要引导学生如何学习、如何做事，还要
引导学生如何做人，如何"认识你自己"，不断自我反省，自我批判，并懂
得什么是真善美，做一个有德行的人；同时还要求引导学生崇尚理性，按
理性办事，过理性的生活，建设理性社会。

4.4.2　赋予教育以内容

理性主义关注的对象，也就是教育关注的对象。在人类历史发展的早

期，理性主义还不发达和成熟，理性主义和反理性主义的内容相互交织，并以理性主义的形式呈现出来，如早期的理性主义既有科学的论述和假设，又夹杂着神学学说。这在人类早期的教育中也得到了充分的反映，表现为科学、哲学和神学相互交织成为教育的主要内容。关于这三者的区别，罗素做了一个极具个性化的解释："一切确切的知识——我是这样主张的——都属于科学；一切涉及超乎确切知识之外的教条都属于神学。但是介乎神学与科学之间还有一片受到双方攻击的无人之域，这片无人之域就是哲学。"①

应该说，在人类早期阶段，这三者都属于理性主义的范畴，都是人类借以认识世界、表征世界的工具。但不得不指出的是，三者所包含的理性主义程度有很大不同，科学最确切最具理性主义，神学（类似神话认知）在人类早期虽也带有理性主义色彩，但由于超出确切知识之外，明显地带有更多反理性主义的色彩，而哲学则介于两者之间。随着人类认知能力的不断提高，理性主义的不断发展，科学的地盘越来越大，科学最终从哲学的附庸整个分化出来，成为一个独立的学科。并且，经过不断地分化、重组，学科、专业越来越多，遍及自然、社会和人类自身各个方面，科学这棵大树早已变得枝繁叶茂，成为令人仰望的参天大树，在教育中已占据无与伦比的压倒性地位。而神学的地盘则越来越小，并由于其日益彰显的反理性主义，其对世界的认知功能丧失殆尽，因而被从哲学中剔除出去，成为一种宗教信仰，在教育中也几乎不占据任何地位。

教育历经数千年，尤其是近四五百年的发展，其内容可以说五花八门、令人眼花缭乱，不少学科门类对很多人来说极为陌生。但仔细考察不难发现，绝大多数都是以自然科学为主，另有一些人文社会科学学科（包括体育、艺术类学科等）。除极少数文学、艺术类学科带有较浓厚的非理性色彩，不管是自然科学还是社会科学都被理性主义所主导，体现出了强烈的理性主义精神。教育内容之所以会呈现如此布局，这一方面固然是由于其

---

① 罗素.西方哲学史（上）[M].北京：商务印书馆，2013：7.

自身和社会发展的要求所决定的；另一方面则是由于理性主义的强势扩张，越来越占据人类物质、精神和日常生活各个方面的主导地位所决定的。

4.4.3　赋予教育以各种不同的思维方式和方法

教育就是通过引导学生探索大千世界，获取和生产知识以提高自身的理性水平。在这一过程中，如何在教育中采用科学有效的思维方式和方法，提高教育的效率就成为教育的核心问题。通过对理性主义的发生、发展及成熟过程的回顾，从中可以获得良多启示。

人类早期主要是借助于想象（幻想）来认识和解释世界，这就有了所谓"神话认知"。"神话认知"只是纯粹的感性认识，缺乏理性认识。纯感性认识不具有确定性、可分析性、普遍必然性、可言说性等，无法成为真正的知识，更不可能成为真理。及至古希腊哲学家泰勒斯及其米利都学派的出现，通过观察自然现象，并对其深入地分析、思考，做出科学假说，这才有了较为科学的了解、认识世界的方法。米利都学派认识世界的方法不止于此，阿拉克西曼德还贡献了矛盾排除法，阿拉克西美尼则贡献了不为现象所惑，透过现象看本质的方法。这些思维方式和方法，对科学认识世界起到了积极作用，也成为教育常用的思维方式和方法。

古希腊哲学家和数学家毕达哥拉斯从"万物皆数"出发，认为可以通过数来认识和表征世界。用数来认识和表征世界，具有以下特征：一、具有一种超越感性材料的规定性，因而能够成为真正的知识；二、体现了一种纯粹的理性思维，数是一种抽象的概念，数理逻辑更是一种抽象的思维过程，二者结合而成的数学充分体现了最为抽象纯粹的理性思维，因此能够揭示事物的普遍性和必然性，能够揭示真理；三、体现出某种超验性，即用数和数理逻辑表征的世界，一方面既反映了现实世界本身，另一方面又超越了现实世界，表现出某种超验性，表现出某种纯粹的知识和绝对的真理，表现了一个现实中完全不存在的观念世界，这对于拓展人们的认识空间具有极其重要的意义；同时，也进一步彰显了人类理性的力量。可以说，数学思维是现代教育必不可少的思维方式和方法，它不仅是学习其他知识的基础，更能提高学习者的思维能力和理性水平。

此外，赫拉克利特的辩证法揭示了如何用对立统一的观点看待世界的"流变"和纷繁复杂；巴门尼德的形而上学有助于通过理性、抽象思维和逻辑推理来认知和把握"存在"；留基波和德谟克里特的机械唯物主义，则可以用机械原则来解释世界的生成、变化、发展与消亡。尽管他们认识和解释世界的思维方式和方法有的还不够科学，但毫无疑问，对于提高人类的认识和理性水平起到了巨大的作用。

苏格拉底的道德理性首次将人类探索的目光从自然和宇宙转向了人类自身和人类社会，从而将自然与人、物质与精神区别开来；在构建道德理性的过程中，他首先是对伦理道德的相关概念进行界定，在此基础上要求认清这些概念的本质，而非个别的现象。对于如何培养人的道德，他提出了"知识即道德"的观念，这与中国古代所倡导的"知书才能达理"有异曲同工之妙。同时，他还要求知行合一，身体力行，如此才能提高人的道德理性水平。此外，苏格拉底本身就是名师，他发明了"产婆术"，通过师生问答的方式，启迪学生的智能，这一方法至今仍不过时，还在世界范围被广泛运用。

柏拉图和亚里士多德是古希腊理性主义的集大成者，他们的理念论和形而上学，对于人们如何正确、深入地认识事物的本质，认识事物的产生、发展变化及相互间的关系，对于提高人的抽象思维能力、想象力、分析能力、概括力、逻辑推理能力，特别是系统地认识自然、社会和人类自身，构建系统化、理论化、科学化的知识体系具有重大意义；亚里士多德创立的逻辑学更是为人类正确、深入地认识世界提供了一个有力的工具。

认识论是近现代理性主义的核心议题，康德的现代认识论高举理性主义的大旗，强调了认识主体在认识过程中的主观能动性，强调了主体对于认识的决定作用，彻底改变了传统经验主义认识论所认为的，认识是主体对客体照镜子式的刻板、被动的反映，这为以后建构主义理论体系的建立打下了理论基础。对于我们改变传统的育人观，树立新的育人观，并继而系统改变育人方式起到了巨大的推动作用。

　　马克思主义实践认识论是在康德现代认识论基础上建立起来的，它弥补了康德忽视实践对于人的认识所起的重要作用，忽视人的认识离不开实践的重大缺陷。实践认识论认为，人的认识来源于实践基础上的主客观互动，缺少实践这一基础性中间环节，主客观之间就缺少了联结在一起的纽带，就缺少了相互沟通的桥梁和互相转换的枢纽，主客观之间就不能够紧密结合相互互动，客体就不能够充分展现自身的性质、特点和内在规律，主体也无法深刻认识和把握客观事物，导致二者间相互脱节、断裂，沟通、转换受阻，客观事物难以成为主观意识。实践认识论要求人们在认识过程中，要勤于实践、善于实践、反复实践，理论与实践相结合，才能发现问题、修正错误，获得真知。

　　实践认识论还要求教育：（1）要按照客观事物的本来面貌来加以认识，不要自以为是陷入主观主义泥潭；（2）要以联系的观点看待、认识事物，不能用孤立、片面的观点看待问题；（3）要以发展、变化的眼光看待事物，不能用固定、静止的眼光看待问题；（4）在事物的现象与本质之间存在着不一致和不统一，要透过现象看本质，即抓住事物本质、规律性的东西，才能正确认识客观事物。

　　可以毫不夸张地说，理性主义就是教育的血液和灵魂，它渗透到教育的方方面面，全面而深刻地影响了教育，促进了整个教育的进步和发展。由于理性主义过度重视自然科学，再加上社会对科技的需求不断扩大，使之在教育中的地位不断提高，所占比重（尤其是在专业化的高等教育中）越来越大，科学技术得到了突飞猛进的发展，并有加速的趋势。科技的发展一方面带动了经济前所未有的繁荣，给人类带来了巨大的物质财富，满足了人类的物质生活需要；另一方面，也强化了人类中心主义和个人主义，刺激了人类对于财富的贪婪和造成了人的畸形发展，精神生活的相对贫困，并导致生态危机的爆发。为了消除生态危机给地球和人类自身带来的致命伤害，人类理性主义和教育不得不面临新的转型。

第5章　非理性主义与教育生态价值的回归

在上一章中我们谈了理性主义的发生、发展及成熟的历程，以及理性主义对于人类自身和人类社会文明与进步所产生的巨大促进作用，特别是理性主义对于教育所产生的巨大影响，然而，由于理性主义自身也存在严重缺陷，不可避免地也会给人类及人类社会带来负面影响，给教育带来负面影响。本章就此展开深入讨论并给出应对思路。

5.1　理性主义面临的危机

5.1.1　理性主义存在的局限

理性主义作为一种长期以来对人类及人类社会产生重大影响并推动其文明进步的重要思想理论体系，自身也存在着严重的缺陷，这种缺陷"并不在于它依赖理性，而在于它把理性孤立起来，并导致它干涸枯竭"[①]。也就是说，它把人的理性绝对化、固态化，把它看成超越时空的永恒原则。它在正确看待人的理性在认识和改造世界过程中的作用的同时，却贬低甚至忽视了人的意志、情感、内心体验和直觉等非理性因素在认识和改造世界过程中的作用；它重视对外部世界的广泛探索，却忽视对人内在精神世界的深入研究；它强调世界的必然性、因果性、秩序性和确定性，却忽视了世界的偶然性、模糊性、无序性和非确定性。并且，由于过度崇尚科学导

---

① 马里坦. 文明的黄昏［M］. 转引自万俊人《伦理学新论》，北京：中国青年出版社，1994：340.

致科学至上主义、唯物质主义、人类中心主义，乃至于个人主义，不仅造成了人自身的异化、人与人之间的异化、人与社会之间的异化，造成了现代人的精神危机和社会危机，而且还造成了人与自然关系的异化，造成了生态危机。

关于理性主义自身存在的局限康德很早就有所察觉，他认为人类纯粹理性永远解决不了关于灵魂、道德、信仰等问题，因而为知识和信仰划出了各自的地盘[①]。实际上，也为以后的非理性主义的崛起提供了某种理论上的依据。

5.1.2　理性主义的局限对社会造成的负面影响

理性主义带来的科学至上主义认为，科学技术无所不能，具有至高无上的地位。在夸大科技作用的同时，大大贬低甚至否认了人文及其他学科对社会文明与进步所起的作用。科学至上主义还表现在对科学的滥用，例如，从剧毒的农药、除草剂，到化肥、瘦肉精、食品添加剂的过量使用，再到无休止的大规模杀伤性武器的研发，等等，不仅造成社会发展的严重失衡与扭曲，也给人类的健康带来重大隐患，甚至危及整个人类的生存。

科学至上主义还引发了唯物质主义和人类中心主义。科学技术的快速发展促进了社会工业化程度的极大提高，在创造出大量物质财富满足人类需要的同时，也刺激了人类对于物质财富的无限欲望和狂热追求，对物质财富的追求似乎成了整个社会活动的核心和人生的终极目标，甚至成了衡量一个人是否成功的主要标志。重物质轻文化，重肉体轻精神，价值理性被彻底抛弃，工具理性成了唯一的选择，人完全成为了创造物质财富的工具和受其驱使的奴隶。

按照马克思的观点，工业化在资本的控制下，"工人生产的财富越多，他的产品的力量和数量越大，他就越贫穷。工人创造的商品越多，他就越

---

① 李步楼.理性主义与非理性主义［J］.江汉论坛，1995（6）：62–66.

变成廉价的商品。物的世界的增值同人的世界的贬值成正比"①。工人同他生产的产品和他自身的劳动相异化，同时，也与控制他的资本相异化，同消费他生产的产品和提供服务的人相异化，同他存在其中的社会相异化。这一连串的异化，加之"上帝已死"，信仰缺失，以及现代人全球性流动增大，导致现代人的精神迷茫、情感困惑、虚无感增强和文化感丧失，现代人在获得巨大物质利益的同时，却失去了信仰支柱和精神家园，产生了严重的"精神危机"，社会矛盾日趋尖锐，社会危机频发。

人类中心主义可以说古已有之，古希腊普罗泰戈拉的"人是万物的尺度"，表达了最早的人类中心主义思想；近代哲学大师康德也提出"人是目的"这一命题，标志着人类中心主义理论的形成。随着理性主义的强势扩张，人的主体性的日益彰显，原属于自然界的人类，逐渐从自然界中分离出来，并在科学至上主义的加持下凌驾于自然之上，人类中心主义得到了进一步的强化。强化了的人类中心主义认为，人类是宇宙的中心和最重要的存在，其他生命形式、物种和整个自然界都应该围绕和服务于人类；人类的一切需要都是合理的，可以为了满足自己的任何需要而毁坏或灭绝任何自然存在物（除人以外）。人已然成为自然的主宰、万物的上帝，可以随心所欲地对自然进行索取和处置。在此情况下，其结果必然是招致自然对人类的疯狂报复：自然资源趋于枯竭、环境污染日益严重、温室效应日趋明显、自然灾害越发严重……人类可持续发展面临严重挑战。

5.1.3 理性主义的局限对教育造成的负面影响

理性主义是传统工业文明教育的血液和灵魂，理性主义所存在的局限不可避免地会对教育产生各方面的负面影响。主要表现在以下几个方面：

1. 造成了教育价值观的混乱

理性主义主导下的教育导致了唯科学主义和功利主义的泛滥，尽管理性主义赋予了教育培养理性人的目的，但由于对"理性人"理解的偏差及

---

① 马克思，恩格斯.马克思恩格斯全集［M］.第42卷.北京：人民出版社，1979：96.

唯科学主义的过于强势，教育的目的被认为只是推动科学技术和经济有形文化的发展，教育只有科学价值和经济价值。其促进人类价值观念、道德体系建设、审美能力的提高，以及个人精神、情感世界完善的作用则被淡漠乃至遗忘了。教育本是"人"的教育，应以"人"为本，充分关注人自身的发展，满足人身心发展的需要。然而在理性主义的强势扩张下，教育关注的重点不再是人自身，而是科学技术、专业技能及经济发展，关注的是"物"。这样的教育不再是"人"的教育，而是"物"的教育，不仅教育本身成为功利主义的工具，作为接受教育的人也成为功利主义的工具，成为获取物质财富的工具。"人的工具化，导致了人性的虚无"[①] 和精神世界的贫困化，导致了人本体性存在价值的丧失，造成了教育价值观的混乱。

2. 削弱了被教育者的个性和主体性

近现代理性主义尤其是现代认识论，尽管也强调人的个性和主体性在认识和改造世界过程中所具有的决定性的作用，但由于它只重视对外部世界的广泛探索，忽视对人的内心世界和精神世界的深入研究。因此，对人的个性和主体性的认识不够全面和深入，尤其是对构成人的个性和主体性的人的意志、情感、内心体验和直觉等非理性因素的内涵、性质、特点可以说是知之甚少，对于其在组成人的个性和主体性中所起的作用和占有的地位更是不甚了了。因此，理性主义主导下的教育不可能充分发挥被教育者的意志、情感等非理性因素在认识和改造世界过程中的作用，从而大大削弱了被教育者个性和主体性的发挥。

3. 阻碍了被教育者全面、深入和科学地认识世界

理性主义认为，世界看上去似乎是纷繁复杂、瞬息万变、难以把握，实际上却是井然有序，有其必然性、因果性、秩序性和确定性，只要透过事物的现象看清事物的本质，掌握事物的规律性，大千世界是完全可以认识的。因此，理性主义者大多为决定论者。然而，理性主义者不清楚的是，大千世界既有其必然性、因果性、秩序性和确定性的一面，又有偶然性、

---

① 冯建军. 生命与教育［M］. 北京：科学教育出版社，2004：45.

模糊性、无序性和非确定性的一面。不能用简单思维的方式去认识和了解世界，必须用复杂、非线性、辩证思维方式去认识和了解世界。否则，就不可能全面、深入和科学地认识世界。

4. 影响了被教育者的全面发展

理性主义主导下的教育往往只重视被教育者的知识结构、智力结构的发展，而忽视被教育者心理结构、精神结构和道德结构的养成。其结果必然是重理轻文、重专业轻文化、重技术轻修养、重智力轻体力……严重影响被教育者德、智、体、美、劳全面发展。

综上，正是由于理性主义主导下的教育，导致了教育生态价值观的迷失，导致了教育的异化和人的异化，并进而造成了人的精神危机、社会危机和生态危机。

5.2 非理性主义的崛起、主要观点及价值

非理性主义是在理性主义自身存在重大缺陷，给个人带来精神危机，给社会和环境带来社会危机和生态危机的情况下而产生的，并且，现代科学及新兴学科的发生、发展和兴盛又进一步动摇了理性主义的根基，促进了非理性主义的不断壮大。非理性主义逐渐成为与理性主义既分庭抗礼又并驾齐驱席卷全球的巨大思想、文化潮流。

5.2.1 现代科学和新兴学科的兴盛与非理性主义的崛起

理性主义是建立在古希腊传统科学和以牛顿经典力学为代表的近代科学基础之上的。19世纪末20世纪初以来，随着现代科学和新兴学科的发生、发展和壮大，各种新发现和新理论如雨后春笋般迸发出来，猛烈冲击着传统和近代科学的理论基础及框架，造成了传统理论的"危机"和"崩溃"。例如，放射性物质的发现、原子核的裂变、质能转换理论等，使传统和近代科学所表征的世界图景和世界秩序受到严重挑战；相对论和量子力学的创立，使经典力学的绝对时空观和严格决定论受到有力动摇；洛巴切

夫斯基几何学和黎曼几何学的诞生，使理性主义视为典范的欧几里得几何学的唯一性和绝对性受到强烈的质疑；耗散结构理论关于不稳定性和非平衡态世界的发现，使人们对世界的多样性、不稳定性、模糊性、复杂性有了更深的了解。新兴学科如格式塔心理学、无意识心理学、变态心理学和行为主义心理学的出现和兴盛，使人们对人的非理性的心理有了深入的了解。所有这些新的发现和新的理论，都强烈动摇和冲击了支撑理性主义大厦的传统和近代科学。理性主义从根本上动摇之日，便是非理性主义诞生之时。非理性主义的崛起势不可挡。

5.2.2　非理性主义的主要观点

"非理性主义"这个用语，无论国内还是国际都被学术界普遍使用，但就其内涵而言，似乎并无定论。

笔者以为，与理性主义不同的是，非理性主义认为世界并非一个合理、和谐、有序、相互间具有广泛联系的世界，而是一个盲目、混乱，甚至荒谬、难以捉摸和孤立的世界；理性主义强调世界的确定性、有序性、因果性和必然性，非理性主义则强调世界的非确定性、无序性、孤立性和偶然性；理性主义认为理性是人的本质特征，笛卡尔的著名观点"吾思故吾在"，这里的"思"代表着理性，有"思"才有人，"思"在人才在，理性是人的根本；非理性主义则认为非理性的人的意志、生命之流、内心体验和无意识的本能才是人的本质特征，笛卡尔的"吾思故吾在"到了非理性主义创始人叔本华那里则被发展为"吾欲故吾在"，这里的"欲"有"欲望""意志"之意，非理性的"欲望""意志"成了人的根本；尽管非理性主义也承认人的理性的存在，但理性只是从属的、非本质的；与理性主义特别是黑格尔理性主义强调整体联系不同，非理性主义强调，人是"孤独的个体""生存着的个人""一个本来的他自己"[①]；与理性主义的乐观主义不同，非理性主义信徒大多是悲观主义者，认为人生充满着悲剧色彩。此外，非

[①]　李步楼. 理性主义与非理性主义 [J]. 江汉论坛，1995（6）：62–66.

理性主义者认为，对自然、人生及人类社会的认识，不能只靠科学和理性，还必须依靠非理性的直觉和情绪体验等，如此才能充分认识和把握世界和人类社会。对于纯粹科学和理性，非理性主义者认为是对人性、人的精神及人的生命力的一种桎梏，扼杀了人的活力和创造力。非理性主义与其说是一种世界观，不如说是一种人生观，它不像理性主义那样构建从宇宙到社会到人生包罗万象庞大的理论体系，而是始终以人，以个体的人及其遭遇和感受为中心进行探讨、研究，构筑相应的理论体系。在对人生问题的探讨上，又带有本体论的意味，构建起了意志本体论，而不是单纯从伦理方面来讨论。非理性主义尽管也涉及认识论，但主要不是认识论，而是人生论，对人生的价值及其意义进行深入的探讨。

5.2.3　非理性主义的主要价值及意义

非理性主义与理性主义尽管有相对立，否定理性主义的地方，但非理性主义并非彻底的反理性主义，彻底否定理性主义并对其取而代之，而是对理性主义的一种纠偏、修正和补充，是对理性主义的一个重大发展。正如胡塞尔所指出的，从现象学的角度看来，一切非理性哲学其实都还是理性的[①]。当然，既然是纠偏，不可避免地有矫枉过正之处，尤其是其代表人物之一的尼采，可以说是逢"理"必反，甚至是为反对而反对，语不惊人死不休。对此，人们也必须有清醒的认识，要仔细分析，正确对待。

非理性主义的价值和意义集中表现在以下几个方面：

其一，加深了人类对于自身，尤其是自身内部的了解。非理性主义将人类探索的目光由外部世界转向了内部世界，转向了人自身、人的内心世界和精神世界，转向了人生及其价值和意义等重大课题，从而使得人类对自身，尤其是自身内部，人的心理、人的意识，人的下意识、潜意识和元意识，有了更加深入、透彻的了解。不仅如此，非理性主义对于人的认识

---

① 邓晓芒. 西方哲学史中的理性主义和非理性主义［EB/OL］.（2024-01-24）［2024-05-18］. https://baijiahao.baidu.com/s?id=1788757024613090084&wfr=spider&for=pc.

和研究不是基于普遍抽象的人、作为观念的人，即柏拉图所谓的"天上的人"，而是基于现实生活中具体、个别，活生生有血有肉的人，因此，对人的研究更具体、更真实、更有现实意义。

其二，拓宽了人类对于知识的认识。理性主义侧重于具有普遍意义、形而上，具有公共意义和观念性的知识，认为只有这样的知识才是有意义的、真正的知识。而非理性主义则与之相反，更关注于与个体密切相关的知识，关注于个体独特的人生经历和内心体验，认为这才是真实、有实际意义、有价值的知识。

理性主义认为知识必须具有确定性、可分析性、普遍必然性、可言说性；非理性主义则认为，虽然人类所接触的很多知识确实具备了上述"四性"，但是现代科学的研究成果表明，仍有一些知识不具有确定性，如数学中的分支模糊数学、物理学中的测不准定理等，都具有不确定性和模糊性。至于人文社科领域涉及心理、道德、信仰等方面的知识具有更多的不确定性。20 世纪 50 年代英籍犹太裔物理化学家和哲学家迈克尔·波兰尼，发现了默会知识，如鉴别力、欣赏力、技能、技巧、突发事件的应对、创造力等，这类知识就属于一种纯粹的个体知识，它植根于每个个体本身，并且和认识主体须臾不可分离，离开其母体后便消失不见，往往"只可意会，不可言传"[①]。这类知识不仅不具有确定性，甚至也不具有可分析性、普遍必然性和可言说性。但你却不能断言它们不是知识，不能否定它们对于人类的价值。相反，这类知识往往与人的天赋、创造力紧密相连，具有更大的价值。

其三，拓宽了人类对于世界的认识。现代科学及新兴学科的研究表明，世界不仅具有确定性、有序性、因果性和必然性，世界同时还具有非确定性、无序性、模糊性和偶然性，造成了世界的复杂多变。人类不能够用简单、线性、单一、确定不变的眼光看待世界。必须用复杂、非线性、多元、动态、非确定性、模糊的眼光，用辩证的眼光、创新的思维看待世界。

---

① 迈克尔·波兰尼. 个人知识：朝向后批判哲学 [M]. 上海：上海人民出版社，2021：112.

其四，拓宽了人类认识世界的方法。理性主义主要通过观察、分析、抽象思维、逻辑推理等科学、理性的方法来认识和把握世界，而非理性主义则主张不仅要通过理性、科学的方法，而且还要通过人的直觉、顿悟、情感和内心体验等非理性因素来认识和把握世界，要加大后者在人类认识和把握世界过程中的比重和作用。并认为后者的认识更具体、更直接、更真实、更具有个性，更能发挥出人的创造性。这与中国传统文化强调"天人合一""格物致知"，强调灵感、直觉、顿悟和总体把握，要求求知者在与自然和社会的亲密接触和密切交流中感受真知、领悟其中的奥秘有异曲同工之妙。直觉、顿悟、情感和内心体验等非理性因素不仅可以用于自然科学的学习和研究，而且，可以更多地用于人文科学、文学艺术创作，以及对于人的心理和精神的研究。

总之，非理性主义是在理性主义基础上发展起来的，它更加关注人生、人的内心世界及精神世界、人的个性和主体性，将人从理性主义的长期桎梏中挣脱出来，赋予人以更大的空间和自由，激发出人的更大活力、生命力和创造力，更好地实现和彰显了人的生命价值和精神价值。同时也使得人类对世界的认识更加具体、完整和深入，更有利于促进教育生态价值的回归，有利于人自身自由、全面、和谐、可持续发展，人类社会的文明与进步，以及人与自然的和谐共处，有利于推动生态文明的建设。

5.3 教育生态价值的回归

理性主义在促进教育发展、人类社会文明进步的同时，也导致了教育生态价值观的迷失，导致教育的异化和人的异化，造成了人的精神危机、社会危机和生态危机。而非理性主义的崛起则有助于教育生态价值观的回归，有助于生态教育的实现。主要体现在以下几个方面。

其一，从非理性主义的人的本体性地位出发，教育的终极目标被锁定在对"理性人"的培养，提高人的理性水平上。并且，对"理性人"的界定并不只是指提高受教育者的科学知识和专业水平，推动科学、经济和社会的进步与发展，而是为了促进人自身更好、更全面地成长，满足人的意志，满足人的身心健康发展的需要。科学、经济和社会的发展，以及个人物质生活的改善，只不过是人自身发展与进步过程中的副产品而已，伴随并依赖人的发展而发展，并为人自身的进一步完善提供条件。如果说以往理性主义的教育主要是改造世界、改造社会的教育，那么，非理性主义的教育就是塑造人的教育，人既是教育的出发点，也是归宿点，教育必须紧紧围绕人自身的需要来进行。

其二，在对人的培养上，理性主义也看到人与人之间存在很大区别，承认人是由共性和个性组成的，二者缺一不可，都很重要。但是非理性主义更加强调人的个性、特殊性和复杂性，强调生命意志。非理性主义者认为，人的个性、特殊性和复杂性是人作为生命个体存在的前提，离开这一前提人将不复存在。至于生命意志，何为生命意志？简单地说，就是生命中存在的不可遏止的盲目冲动。用叔本华的话来说，"纯粹就其自身来看的意志是没有认识的，只是不能遏止的盲目冲动"[①]。按其看法，意志自身在本质上是没有任何目的、没有任何止境的，它是一个无尽的追求。意志不独存在于人类、动植物有生命的物体之中，甚至存在于无机界，如结晶体形成、磁铁指北、石头从高处坠落、地球围绕太阳运转，乃至整个宇宙运动的力，等等，它们在本质上都可以看作同一个东西，即意志。叔本华"要把自然界中每一种力设想为意志"[②]。

非理性主义认为，意志既是世界的本质，也是人的本质、生命的本质。尊重生命意志，就是尊重人、尊重生命；就是要求教育要促进人自由、全面、和谐、可持续发展；就是要求教育要更加尊重生命、尊重人的个性和主体性，对生命中存在的各种"自发"性加以启发、引导，促使其从"自发"到"自觉"最终达到"自为"，由"盲动"到"意动"（有意识的活动），从而使生命犹如核裂变一般释放出超乎想象的巨大能量。非理性主义

---

① 叔本华. 作为意志和表象的世界［M］. 北京：商务印书馆，1982：374.

② 同①，166.

认为，生命意志就是一种原始的、盲目的、无穷无尽的自然之力，而教育就是要将这股巨力加以驯化，并在这一过程中尽最大可能将其释放出来，从而使生命意志得以实现，生命价值得以彰显，人的地位得以确立。

而要做到这一点，仅仅依靠非理性主义是远远不够的，理性主义必须强势介入。叔本华在谈到意志和理性的关系时曾作过一个形象的比喻，他说，意志好比一个勇猛刚强的瞎子，理性则是它背负的一个明眼的瘸子①。由此可以看出，缺少理性，意志连存在都成了问题，更别提向外扩张了。理性则是驯服意志，克服其盲目性，使其具有意义并得以充分实现的最有效的工具。

其三，在教育的内容上，与理性主义强调科学教育，重理轻文、重视专业、重视实用技术、重视"做事"的教育不同，非理性主义更强调人文教育，强调对人的情感、精神和人格的涵养和培育，强调对人的价值体系和道德体系的构建，强调如何"做人"。这与其强调生命意志、强调人的本体性地位的哲学观念是一致的。那些对于升学教育似乎可有可无的课程，如德育、美育、劳动、社会实践等，在非理性主义者的眼中，与数、理、化及专业课程具有同等甚至更重要的意义。这些课程不仅关系到一个人对艺术的感知能力，更关系到他（她）对真善美的追求，关系到他（她）的价值取向、道德观和人格的形成，关系到他（她）对生活的态度及所采取的行为，关系到他（她）究竟会成为一个什么样的人。非理性主义教育认为"做人"先于"做事"，"做什么样的人"决定"做什么样的事"。

其四，在教育的方法上，理性主义偏重于使用分析、演绎、归纳等抽象的方法，而非理性主义更倾向于使用感性的方法，如观察、实践、内心体验等，对在上述过程所产生的直觉、灵感在认识世界、掌握知识的过程中所起的作用给予特别的偏爱。非理性主义的这种主张，与中国古代传统的认识世界的方法有很大的相似之处。这就要求在教育教学过程中，除了采用分析、演绎、归纳及抽象、理性的方法以外，还应更多地采用情景教

---

① 李淑英. 评叔本华的意志本体论［J］. 中国人民大学学报，1990（2）：48-54.

学、情感教学、实践教学、内心体验、具身认知等直观、感性的教学方法，动员师生全身心投入认知对象之中，从而对认知对象产生强烈的情感，以激发师生感受、认识事物的灵感和悟性，更好地认识、把握事物的规律和本质。

其五，在对知识的认识上，非理性主义从人的本体性地位出发，强调认识者的个性和主体性对于认识世界的决定性作用，强调知识对于主体的意义和作用。以往人们认为知识是客观的、确定的和唯一的。非理性主义则认为，知识不仅是客观的，也是主观的、生成性的，甚至是非确定的、模糊的。其主观性、生成性主要表现在主体对于知识的取舍上。主体对知识的取舍能力及知识对于人的意义和作用与主体已有的知识、经验和需要密不可分，跟主体的价值取向有关。同时，还体现在主体对于知识的掌握和创造上。人对于知识的把握，不仅仅是一个被动接受的过程，除了要进行选择、取舍之外，还要根据已有的知识、经验（即先天的认知结构），对知识进行理解、消化和吸收，为我所用，创造性地解决生活、工作中所遇到的实际问题，从而使公共知识变为个人知识。这时的知识不仅带有公共的印记，同时，也打上了个人的印记。不仅如此，在公共知识向个人知识的转化过程中，随着个人知识生产力的不断提升，个人将自觉或不自觉地参与公共知识的创造、丰富，乃至改写现有的知识结构。这就要求在实际的教育过程中必须摒弃灌输式的教育方法，树立起学以致用、理论联系实际的教育方法，有意识地引导学生主动、创造性的学习，而不是死记硬背、生搬硬套。

其六，非理性主义强调人（学生）在教育中的主体地位，必然要求对人（学生）的教育要采用一种顺乎自然的方法[①]。这就要求教师要根据学生个体不同时期、不同阶段的生理、心理和个性特点，以及兴趣、爱好和特长，采用不同的方法有针对性地进行教育，而不是不问教育对象的具体情况，千篇一律地对学生强制灌输同样的知识。这就要求教师在教育过程中，

---

① 杨顺华，杨海濒.非理性主义与教育生态价值的回归［J］.教育评论，2009（5）：13–15.

必须培养、激发学生的学习兴趣，善于发现学生的长处，促使其扬长避短，充分发挥特长。在对学生进行评价时，应避免采用"一把尺子量人"的错误做法，采用不同的标准，对学生进行考核、评价，重点考察学生是如何学习、如何思维，知识是如何生成的，以及学生在原有的基础上有了哪些进步和成长。对学生进行评价，也不能将目光紧紧盯在学习成绩和升学考试上，而应包括德智体美劳各个方面，即不仅要对学生进行知识、能力等的考察，还要对其道德品质、情感世界及审美能力等进行考察，以促进学生自由、全面、和谐、可持续发展。

第6章　建构主义及对生态教育的意义

建构主义诞生于 20 世纪 80 年代，是一种基于现代认识论的教育教学理论。它强调以人（学生）为本，强调学习者的个性、主体性、主动性和创造性，认为学习是学习者基于自身原有知识结构生成、建构意义的过程，而这一过程往往是在社会性文化互动和实践性过程中完成的。建构主义的提出，有着深刻的时代历史背景和思想文化渊源，是历史的必然。它具有迥异于传统的教育教学观念，对于构建生态教育理论体系，实现生态教育具有重要的理论和实际价值。

6.1　建构主义

6.1.1　建构主义的缘起

建构主义的出现绝非偶然，它有着深刻的时代历史背景和思想文化因素，可谓是应运而生。主要体现在以下几个方面。

1. 时代因素

建构主义起源于 20 世纪初的苏联和欧洲。苏联卓越的心理学家维果茨基和瑞士著名心理学家和哲学家皮亚杰分别对与建构主义相关的内容进行了探索性的研究，但由于苏联国内的政治形势，导致了维果茨基及其团队的理论被禁止传播。同样，皮亚杰早期的相关研究也因第二次世界大战而受到影响，阻碍了其研究成果在世界范围内的广泛传播。建构主义在当时只是种下种子，但并未生根开花，结出硕果。

20 世纪五、六十年代，美国国内外矛盾四起：国际上美苏争霸，美国在朝鲜战场遭受重大挫折，在越南战场进退维谷；国内民权运动、反越战运动、学生运动、女权运动此起彼伏，问题剑指教育领域。冷战格局使美苏两大阵营在政治、经济、军事、科技等领域竞争日趋激烈，苏联大力发展重工业，带动苏联经济蓬勃发展，大有后来居上超越美国之势，加之苏联人造卫星、载人飞船先于美国上天，航天技术美国全面处于下风。这一切迫使美国上下开始深刻反思其教育：注重知识的单向传授和记忆，缺乏对学生独立思考和创新能力的培养。这种教育方式已无法满足美国在冷战背景下对人才的需求，美国教育部门力求建立一个更为灵活、开放和创新的教育体系，以培养出具有创新思维和解决实际问题能力的人才。同时，二战之后，技术革命突飞猛进，发展科学研究和改善科学教育迫在眉睫。20 世纪 60 年代，美国教育改革聚焦于战后科技革命的迫切需要，审视杜威实用主义教育在社会实践中的效用，总结经验并加强知识结构的塑造，丰富课程体系的基础内涵。通过改革，系统完善知识体系。要素主义者科南特和结构主义者布鲁纳等思想领袖指明此次变革方向：在基础教育已普及的背景下，关键问题在于如何实现教育机会的均等性以及如何满足学生多样化的学习需求。科南特倡议，建立辅导制度、实行能力分组、设立综合中学、推行天才教育等，契合了美国社会对基础教育改革的期盼。布鲁纳借鉴皮亚杰的认知发生理论，主张知识并非仅靠教师传授获得，学习实质上是主体认识结构的建构过程，提出了结构主义课程论，强调课程与教材结合，倡导依据知识的基本结构来设计课程，将各学科最新发展水平的基本概念和原理置于教材核心位置。在教学实践中，强调启发式引导，以培养学生自主思考的能力为重点。在结构主义思潮中，建构主义的理念逐渐浮出水面。

到了 20 世纪 80 年代末 90 年代初，随着冷战的结束，经济全球化成为时代潮流，各国间经济竞争加剧，不仅体现在商品和市场争夺上，更体现在科技和人才方面的较量。科技创新驱动、知识经济兴起，社会对人才，尤其是对一专多能创新复合型人才的需求急剧上升。相应地，传统教育理念和教育模式已经无法满足新时代的需求，教育改革成为欧美各国政府的重要议题。许多学者重拾建构主义研究课题，重点关注个体认知发展和学习过程研究，强调学习者在知识建构中的主动性，并试图从心理学和哲学角度解释知识的本质和建构过程。在全球化背景下，有更多的国家和地区加入这一研究进程，不同国家和地区的文化、价值观和知识体系得以广泛交流和相互碰撞，为建构主义研究提供了更为广阔的视野，推动建构主义在新时代的发展和演进，使其成为包括教育学在内的当代社会科学领域的重要理论之一。

2. 文化因素

建构主义的形成，不仅是时代呼唤的结果，更是思想文化长期积累的结果。理性主义、非理性主义、人本主义心理学，尤其现代认识论为建构主义的萌芽、生长、发育、根深叶茂、硕果累累提供了丰富的营养。

（1）理性主义的影响

在本书第 4 章中，就已经谈到理性主义古已有之，古希腊理性主义将人从神创世界中解救出来，使人摆脱了神对人的种种桎梏，赋予人以更多的理性、自主性和主体性，人类精神第一次获得了大的解放。

及至近现代，随着欧洲文艺复兴运动、启蒙运动狂飙突进的开展及科学技术突飞猛进的发展，理性主义也达到了巅峰。理性主义不仅将人类从宗教神权统治下彻底解放出来，人类精神获得了第二次大的解放，还从法律上赋予人类以平等、自由的权利，倡导社会尊重每一个人，尊重其个性，尊重人的地位和作用。人的自主性、主体性和创造性得到了前所未有的激发。这些都成为建构主义产生不可或缺的思想、文化因素。

此外，理性主义对建构主义最直接、最重大的影响莫过于认识论。所谓认识论是指探讨人类认识的本质和结构、认识与客观实在的关系、认识的前提和基础、认识发生和发展的过程及其规律、认识的真理标准等问题的哲学学说。建构主义作为一种教育教学理论，其基础和核心就是认识论，只有深刻认识和把握人类认识客观事物的本质、过程及规律，才能引导学生在学习过程中更有效地生成、建构知识和能力。关于认识论对建构主义的影响，下文还将进一步阐述，在此不再赘述。

（2）非理性主义的影响

非理性主义对于建构主义同样具有重要影响。首先，理性主义尽管将人类从神创世界和宗教统治下解放出来，并赋予人类以理性及平等、自由的权力，要求社会尊重每一个人，尊重人的个性。但在现实世界中，理性主义所指的人往往是高度抽象、形而上的人，而非活生生、有血肉、有生命、具体的人，真正的"这一个"。相较于非理性主义，理性主义更关注外部世界、关注外部事物、自然与科学。而非理性主义则始终以人，个体的、具体的人，"一个本来的他自己"及其遭遇和感受为中心进行探讨，探讨人及人生的意义和价值，探讨人的内心世界和精神世界。非理性主义对人的研究更加完整、全面和深入，更加重视和尊重人，重视和尊重人的个性、自主性、主体性和创造性。

其次，相较于理性主义更注重人的理性，更注重人行为的动机性、目的性、计划性，更注重通过观察、分析、思考、逻辑推理的方式来研究、认识世界；非理性主义则偏重于人的非理性，偏重于人的意志、情感、直觉、顿悟和内心体验在人类认识世界过程中所起的作用，以及下意识、潜意识和无意识对人行为的影响。这对于建构主义更全面、更深刻地认识学生，引导学生用非理性的方式认识和把握世界，进一步提高自主学习的能力具有非常重要的价值。

（3）人本主义心理学的影响

人本主义心理学是20世纪最具影响力的心理学之一，其影响遍及世界。人本主义心理学的代表人物为美国著名心理学家马斯洛和罗杰斯。马斯洛认为，"人之初性本善"，人性天生都是善良或是中性的。人之所以会作恶，或是由于其基本需要不能得到满足，或是不良的文化环境造成的。正因为人性中潜藏着善的基因，只要引导得当，每个人都会积极向上、不断进步。

在此基础上，马斯洛提出了著名的"需要层次理论"，把人的基本需要分为五个层次，即生理需要、安全需要、归属和爱的需要、自尊的需要、自我实现的需要。有机体在满足了低层次需要之后，就会有更高层次需要产生，就会向更高层次需要努力。自我实现的需要，是人最高层次的需要。所谓自我实现，就是他要成为他所能成为的那个人，用马斯洛本人的话来说，就是"一个人能什么样，他就必须什么样。他必须忠于自己的本性"[①]。譬如，一个音乐家就要从事音乐创作，一个画家就必须画画，一位诗人就必须写诗。自我实现是个体存在价值之所在，生命存在意义之所在。正因为人类与生俱来就存在这样的需要，人类自身内部就存在不断进取、不断进步的强大动机。这些对于建构主义自主学习理论的构建都具有重要的启示作用。

人本主义另一杰出代表罗杰斯则提出了"自由学习"和"学生中心"的学习观与教学观，旨在通过知情统一的方式，培养"躯体、心智、情感、精神、心力融汇一体"的人，即完人（whole person）。这种教育能"促进变化和学习，培养能够适应变化和知道如何学习的人。"[②]这对建构主义以"学生为中心"的"师生观""教育观"和生态教育的"全人观"更是具有直接的指导作用。

建构主义缘起的思想文化因素还有很多，譬如存在主义哲学、行为主义心理学等，限于篇幅本书不再论及。

3. 实践因素

实践是理论的基础，建构主义作为一种教育理论不可避免地要深受教育实践的影响。从广义的教育来说，自从人类有了理性就有了教育。正规的学校教育有记录的也长达两千多年。古代先贤亲身从事的教育实践经验为后代留下了宝贵财富，同时也为建构主义的形成提供了丰富的营养。在前面第 4 章中，曾提到苏格拉底"产婆术"教学法。在古希腊，实行"产婆术"教学法的远不止苏格拉底一人，柏拉图、亚里士多德等都曾经常运

① 马斯洛. 动机与人格［M］. 北京：中国青年出版社，2022：74.

② 人本主义心理学.［EB/OL］.（2023-05-26）［2024-06-08］. https://baike.baidu.com/item/%E4%BA%BA%E6%9C%AC%E4%B8%BB%E4%B9%89%E5%BF%83%E7%90%86%E5%AD%A6/673687?fr=ge_ala

用该方法进行教学，甚至远在地球另一端中国春秋时代的孔子和孟子等人也都采用此方法。"产婆术"原是指为婴儿接生，在此喻为为思想接生，引导人们产生正确的思想。"产婆术"教学法的特点是，自始至终以师生问答的形式进行，所以又称"问答法"。在问答的过程中，教师牢牢抓住学生思维过程中的矛盾，启发诱导，不断提问，步步深入，将思维引向深入，最后导出正确的结论。"产婆术"教学法用启发式教学方法替代了"传递式""灌输式"教学方法，更符合人的认知规律，开启了建构主义"会话""建构"自我认知教学的先河。

其实类似"产婆术"这样对于教育具有重大意义的教学方法不光出现在古希腊，按照华东师范大学高文教授的话说："建构主义这个概念及其原理虽然是西方人创造的，但建构主义的许多基本原则和理念却正是中国文化和教育传统中的题中之意和精华所在！"①体现在中国传统教育实践之中。下面就以孔子为例说明之。

（1）"学无常师"：重视师生对话，建立平等师生关系

孔子推崇平等、民主的师生关系，从不把自己凌驾于学生之上。主张"三人行，必有我师焉。择其善者而从之，其不善者而改之"（《述而》）。并认为："后生可畏，焉知来者不如今也？"（《子罕》）。鼓励学生"当仁，不让于师"（《卫灵公》）。为建构主义建立师生之间平等对话，积极、互动的关系，共同探索、相互质疑、建构知识提供了指南。教师不再是传统意义上的知识传授者，而是扮演着引导者、促进者和支持者的角色。这也是建构主义学习观的核心。如何实现教学相长？孔子注重教师人格的感化作用并以身作则："其身正，不令而行；其身不正，虽令不从"（《子路》）。正是有了对师生关系的清晰定位，才有与学生席地而坐、结伴同行，或畅谈人生理想、或倾诉个人情怀、或臧否人间时事师生融为一体的场景。

（2）"温故知新"：重视学习者在已有知识经验基础上生成新知

孔子在长期执教中提出"温故而知新，可以为师矣"（《为政》）。具体

---

① 高文.建构主义研究的哲学与心理学基础［J］.全球教育展望，2001（1）：3-9.

而言，就是通过重新审视过去的知识和经验，再与新近社会、日常生活中发生的事情相联系，就会产生新的感悟，获得新的认识和见解。这与建构主义所主张的人的新知识、新认识的获得，总是离不开认知主体原有的知识、经验和主观感受，总是在原有认知结构的基础上构建新知识、获得新认知有异曲同工之妙。

（3）"好之，乐之"：强调主动学习

孔子在教学中注重对学习者主动学习的培养。一方面，注重对学习者学习兴趣的培养，提出"知之者不如好之者，好知者不如乐知者"（《雍也》）。另一方面，提出"立志"是保证学习动力和学习效果的必要条件，并做出了"吾十有五而志于学"（《为政》）的表率。强调学习的主动性，讲究"敏而好学，不耻下问"（《公冶长》）。这与建构主义所强调的，培养学生的学习兴趣，激发学生的内生动力，有相通之处。

（4）"切磋琢磨"：强调合作学习

《论语》开篇："学而时习之，不亦说乎？有朋自远方来，不亦乐乎？"（《学而》）展示了师徒、朋友间热烈讨论的画卷，乐于、善于和广泛交流，主张合作学习。这与《礼记·学记》中所言"独学而无友，则孤陋而寡闻"表达的思想相一致，强调良师益友之间要切磋琢磨，不同思想在交流中相互碰撞、相互借鉴，达到教学相长的学习效果。体现了建构主义合作学习，学习者一起解决问题、构建知识，促进认知社会性建构和社会交往能力的提升的观点和主张。

（5）"举一隅以三隅"：重视知识在不同学习情境中的迁移

"不愤不启，不悱不发。举一隅不以三隅反，则不复也。"（《述而》）孔子善于把握教学的关键点，用循循善诱的方式启发学生，给予学生思考空间，引导学生在探索、发现的基础上培养知识迁移的能力。此外，孔子强调感知、反复感知的必要性："多闻阙疑""多见阙殆"（《为政》）"择其善者而从之"（《述而》）等。建构主义强调学习者通过探索、发现和反思来建构自己的知识体系，类似于孔子的引导方式，注重在学习过程中给予学习者独立自主、充分的思考空间，鼓励他们通过实践和互动来建立新的理解。

同时，也强调了知识迁移的重要性，迁移是"认知结构在新条件下的重新建构，这种重新建构同时涉及知识的意义与应用范围两个不可分割的方面，知识的意义要通过知识的应用来理解。"① 在不同的情境中，知识所表达的效果也不一样，学习者应该能够将所学知识应用于不同情境和问题的解决中。

（6）根据学习者个体差异，实施因材施教

《论语·颜渊》记载，樊迟、司马牛、仲弓和颜渊都曾向孔子问"仁"，孔子对这同一问题作了四种完全不同的解答：

> 樊迟问仁。子曰："爱人。"
>
> 司马牛问仁。子曰："仁者，其言也讱。"
>
> 仲弓问仁。子曰："出门如见大宾，使民如承大祭。己所不欲，勿施于人。在邦无怨，在家无怨。"
>
> 颜渊问仁。子曰："克己复礼为仁。一日克己复礼，天下归仁焉。""非礼勿视，非礼勿听，非礼勿言，非礼勿动。"

对同一个问题，之所以会作出几种不同的回答，是因为孔子考虑到这四名学生的资质、性格、人品、德行均有很大的差异。樊迟的资质较鲁钝，对他就只能讲"仁"的最基本概念——"爱人"；司马牛的性格"多言而躁"，孔子就告诫他：做一个仁者要说话谨慎，不要急于表态；仲弓待人不够谦恭，不能体谅别人，孔子就教他忠恕之道，要能将心比心推己及人；颜渊已有很高的德行，所以孔子就用仁的最高标准来要求他——视、听、言、行，一举一动都要合乎礼的规范。

孔子不仅能因人、因材施教，还能因时间、地点、环境的不同而施教。《论语》有关这方面的记载很多，不胜枚举。除此以外，更令人佩服的是，孔子不仅能对不同的学生做到因人、因材施教，还能对同一名学生根据其

---

① 刘儒德. 论建构主义学习迁移观［J］. 北京师范大学学报（人文社会科学版），2001（4）：109–111.

心理状态和思维过程的不同进行施教，真可谓对教育这门艺术掌握得炉火纯青。①

上述事例充分表明，建构主义并非凭空而生，而是早就蕴藏于世界各国具体的教育实践中，只待时机成熟就将破茧而出，化蛹为蝶。

6.1.2　建构主义理论基础

建构主义不仅是思想、文化和教育实践长期积累的结果，更是理论研究结出的硕果。建构主义涉及的理论众多，在此，本书只针对与建构主义有直接影响并对其内涵起着决定性作用的现代认识论进行详细介绍，以便更清楚、深刻地把握建构主义的思想脉络。

1. 康德和马克思主义认识论

康德和马克思主义认识论充分、科学地揭示了人类认识的本质、认识主体与客体的关系、认识的过程、认识的规律及认识的真理标准等，对于人们更好地探索世界的奥秘，生产和获取知识起到了重要作用。因此，对建构主义的形成起到了基础性支撑的作用。

康德认为认识主体在认识过程中起着决定性的作用，人的认识离不开人自身原有的知识、经验及感受，离不开人自身原有的知识结构（认识的前结构，也可称为"范式"或"图式"）。并非所有的客观事物都能够成为主体认知的对象，只有能够被认知主体接受、被认知主体对象化的事物才能够成为认知的对象。并且，认知过程并非主体对客体犹如照镜子或摄像似地机械接受和反应，而是主体利用已有的先天的知识即各种概念和范畴，对所获得的感性经验进行梳理、整合和加工，使之成为具有普遍必然性的真正的知识。

康德清楚认识到了认识主体在认识过程中的决定作用，看到了人的理性的力量，解决了"世界如何认识""知识何以成真"的难题。然而，他却忽略了实践的力量，忽略了实践在认识中的重要作用。马克思、恩格斯则

---

① 何克抗. 新型建构主义理论［J］. 中国教育科学，2021，4（1）：14–29.

对康德认识论这一重大失误进行了卓有成效的弥补，从而创立了马克思主义认识论。

马克思主义认识论认为，实践在人的认识过程中具有重大作用。所谓实践就是主观与客观的相互作用与改造，就是主观与客观相互结合与碰撞，就是主客观的对立统一。换言之，实践就是人们认识世界、改造世界（包括主观与客观）、验证真理的社会活动。认识主体是实践的产物，没有实践就没有人自身，没有人的意识，没有社会性的人，当然也不会有决定主体认知能力的先天认知结构。

此外，认识客体也是实践的产物，因为真正的客体不仅要能够被主体所感知，而且，还必须是那些进入主体活动范围并与主体发生关系的事物，换言之，也就是只有成为实践的对象才能成为认识的对象。事实上，我们生活的世界早已不是盘古开天辟地的那个混沌原始的世界，而是人类世世代代活动的产物，人类实践的产物，印有深深的人类实践的烙印。

马克思主义实践认识论认为，实践是认识的基础，实践能使客观事物的本质与规律得以真实地显现，因此，认识离不开实践，必须以实践为基础。

马克思主义实践认识论还认为，认识从实践中产生，随实践而发展、深化。认识的根本目的是为了实践，认识的客观性、真理性也只有在实践中得到证明；还认为认识的发展过程是从感性认识上升到理性认识，再由理性认识回到能动地改造客观世界的辩证过程；一个正确的认识，往往需要经过物质与精神、实践与认识之间的多次反复，社会实践的无穷性决定了认识发展的永无止境，从而揭示了认识的本质过程。

由此可见，实践对于人们认识世界多么重要，人们在探索世界奥秘的过程中，绝不能忽视实践的举足轻重的作用。

2. 皮亚杰的发生认识论

康德虽然完成了旧认识论向新认识论的转变，完成了所谓认识论的"哥白尼式的革命"。然而，却没有说明人的认知结构是如何形成的，只能将其归于天赋，从而陷入主观唯心主义泥淖。

瑞士心理学家皮亚杰则对此进行了深入研究，创立了"发生认识论"学说，坚持了唯物主义认识论。所谓发生认识论，就是关于认识发生和发展的学说，该学说认为：

首先，人类认识的中介或格局起源于活动。在人之初（婴儿时期），"认识既不是起因于一个有自我意识的主体，也不是起因于业已形成的（从主体的角度来看），会把自己烙印在主体之上的客体；认识起因于主客体间的相互作用，这种作用发生在主体和客体的中途，因而同时既包含着主体又包含着客体……"[1] 因此，关于认识的首要问题是建构主客体之间的中介物问题。他说："这些中介物从作为身体本身和外界物之间的接触点开始，循着由外部和内部所给予的两个方向发展……"[2] "一开始起中介作用的并不是知觉，……而是可塑性要大得多的活动本身。"[3] 这与马克思的实践创造认识主体的观点十分相似。

其次，认知格局是在有机体与环境的双向互动中发生、发展的。作为一个自然人，研究发生认识论，必须从生物学角度考虑认识论问题。按其观点，生物的发展是个体组织环境和适应环境的这两种活动相互作用的过程，也就是生物的内部活动和外部活动的相互作用过程。所谓生物的内部活动也就是认识主体通过各种活动与外部接触，受到外部刺激，逐渐在自身内部建立和强化对于外部的知觉机制，这个知觉机制也就是皮亚杰所说的主客体之间的"中介物"，也就是最初的认知结构。这个中介物不仅是主客体之间相互联系的桥梁，而且是主体认识、把握外部世界的工具。认识主体通过这样一个工具不断认识客体和外部世界，同时也在不断完善自身，使其具备更加强大的认知能力。这样一个知觉机制在发生认识论中又被称为"格局（Schema）"。格局是如何在认识过程中发挥作用的呢？认知主体在与外部的接触中受到外部的刺激，将其纳入原有的格局中，这就是所谓

---

① 皮亚杰.发生认识论原理［M］.王宪钿，等译，胡世襄，等校.北京：商务印书馆，1981：21–22.

② 同①，22.

③ 同②.

的"同化"。同化不能使原有格局发生结构性改变，但能巩固和强化原有格局。使格局发生结构性改变的只有"顺应"，所谓顺应是指认知主体受到刺激或环境作用，无法同化这些因刺激或环境作用而产生的信息，从而引起和促进原有格局的结构性变化和改善以适应外界环境的过程。通过同化和顺应，认知结构就不断发展，以适应新环境。皮亚杰认为适应是智力的本质，通过适应，同化和顺应达到相对平衡。平衡既是一种状态，同时又是一种过程。一个较低水平的平衡状态，通过有机体和环境的相互作用，就过渡到一个较高水平的平衡状态。平衡是认识发展过程中的一个重要环节。

格局是认知结构的起点和核心。通过婴儿的各种活动，格局能逐渐分化为多数格局的协同活动，并能调整原有格局和建立新的格局，对外界刺激再进行新的各种水平的同化。从而将认知行为由单一认知活动变为多格局协同、复杂的认知活动。随着格局的不断扩张，主体的认知结构愈来愈复杂，最终形成具有逻辑推理能力的认知结构，也就是康德所说的知性和先天综合判断能力。

最后，"认识既不能看作是在主体内部结构中预先决定了的——它们起因于有效的和不断的建构；也不能看作是在客体的预先存在着的特性中预先决定了的，因为客体只有通过这些内部结构的中介作用才被认识的。"①并且，认识是不断建构的产物。建构构成结构，结构对认识起着中介作用；结构不断地建构，从比较简单的结构到更为复杂的结构，其建构过程则依赖于主体的不断活动。

皮亚杰不仅科学、系统地阐释了认识发生的原因、过程，尤其人的认识的前结构是如何形成的，解决了康德没有解决的难题。而且是最先提出建构主义概念的学者，认为认识不是通过传授而是通过建构而成的，为建构主义理论的形成奠定了坚实的基础。作为建构主义鼻祖皮亚杰当之无愧。

3. 维果茨基的社会认识论

与康德、皮亚杰侧重从自然、生物学角度，"从大脑深处解释高级心理

---

① 皮亚杰.发生认识论原理［M］.王宪钿，等译，胡世襄，等校.北京：商务印书馆，1981：16.

114

过程"不同，苏联著名心理学家维果茨基相信马克思关于"人的实质由社会关系构成"之论断，因此，他从人的社会历史性角度研究人的心理形成和认识论，开创了认识论研究的新维度，因此对认识论的发展和建构主义的形成具有无可替代的重大意义。

社会认识论主张包括认知结构在内的人的心理机能不仅是自然进化的产物，更是社会发展的产物。人的认知发展是在社会环境中通过与他人的互动和合作实现的，在此基础上以维果茨基为首的维列鲁学派深入研究了"活动"和"社会交往"在人的高级心理机能发展中的重要作用[①]。低级心理机能是自然形成的，高级心理机能则是社会历史发展的产物，是在人际交往的过程中发生和发展起来的，是由工具与符号中介的。人类通过各种符号赋予客体和世界以意义并按照那些意义来进一步推断、认识和把握世界。维果茨基强调了"语言"在认知发展中的重要性，认为语言是个体思维和社会互动的重要媒介，是人类为了组织、表征意识和思维通过不断迭代更新而产生出的一种重要工具，概念、知识和逻辑都是由这个工具来架构和表征的。人所特有的被中介的心理机能不是自发产生的，而是源于人们的协同活动和人际交往，即"思维发展的真正方向不是从个人思维向社会思维发展，而是从社会思维向个人思维发展。"[②] 人所形成的新的心理结构，最初是在人的外部活动中形成，然后才有可能转移至内部，内化为人的内部心理结构。

显然，维果茨基和皮亚杰都研究了人类认识的发生发展问题，不同之处在于，维果茨基强调了语言等社会文化作为认识中介的作用，以及个体发展的社会性本质。这启发了建构主义对学习的社会性和互动型的重视。

4. 库恩的科学革命的结构

托马斯·库恩是美国科学史学家，他的研究充分揭示了科学家（主要是物理和化学家）们是如何开展研究工作，如何认识研究对象，如何获取

① 任友群. 建构主义学习理论的哲学社会学源流 [J]. 全球教育展望，2002（11）：15–19.
② 维果茨基. 思维与语言 [M]. 杭州：浙江教育出版社，1997：21.

知识，以及如何在某一领域取得具有革命性的研究成果的。一言以蔽之，库恩为人们细致地勾勒了"科学革命的结构"。其成就不仅揭开了科学研究的神秘面纱，而且极大地深化和丰富了认识论的理论内涵及研究案例。关于认识论，库恩对于建构主义具有很大的启发性。

对于知识的真理性，库恩并不认同"存在一种完全的、客观的、真实的对自然界的陈述"①；另外，认为新旧知识间并不存在绝对的对错，旧的知识往往是它所诞生的那个时代的产物，能够满足当时人类认识世界的需要，在那个时代新知识不可能，也没有产生的必要；即使是在同一时代，"认识到二者间的并行关系，在某种意义上意味着：支持不同理论的两个团体可能都是对的"②，指出了知识的相对性和多元性。根据不同范式的研究者所探究的世界是有差异的，人们的认知受到作为工具的理论基础的影响，这削弱了传统科学观所宣扬的知识的绝对真理性和客观实在性承诺。这种观点颠覆了传统科学所坚持的普遍真理的观念，使人们开始重新审视知识的本质和来源。此外，库恩还突出了科学范式的社会性因素，他说："这种作为科学研究基础的范式的形成，并不是由于这种作为新范式的理论被证明是客观的、正确无疑的，而在很大程度上是出自科学共同体成员的一种信仰，一种共识。"③深刻揭示了科学研究背后隐藏的社会构建性。这一观点深化了人们对于知识建构过程的理解，强调了科学研究不仅仅是客观实证的过程，更是受到历史、文化和社会环境的塑造。因此，库恩的科学革命的结构为建构主义提供了重要的理论基础，引领人们超越传统科学的观念，重新思考知识的生成和演变过程。

6.1.3 建构主义教学观

美国著名教育心理学家奥苏伯尔对学习进行了深刻而准确的划分。他

---

① 托马斯·库恩.科学革命的结构［M］.金吾伦，胡新和，译，北京：北京大学出版社，2012：28.
② 同①，171.
③ 同①，28.

认为，学习类型可以从"有意义学习与机械学习 / 发现学习与接受学习"①
这两个视角来分析。主张学生参与到对自己有意义的活动中，构建起深刻
而紧密的知识体系。建构主义揭示其学习的本质——一个积极主动的意义
建构过程。它强调知识并非客观存在的绝对实体，而是学习者在一个社会
化过程中基于自身原有的知识、经验、文化背景，通过语言、符号和互动
等方式共同建构的。它打破了传统知识观知识的静态性，将其视为一个动
态、发展的过程，并肯定知识的相对性和多样性。建构主义教学观内容丰
富，涉及知识、学习、师生关系、学习环境、教学原则等几大方面。

1. 知识观

建构主义知识观是建立在现代认识论基础上的，它与传统知识观有着
很大的不同，并且是整个建构主义的基础，充分体现了现代认识论的精神、
内涵和本质。建构主义知识观集中体现在以下几个方面：

其一，感性认识在人认识客观世界的过程中固然起着重要作用，但仅
有感性认识是不够的，还必须通过人的知性或先天综合判断能力对其进行
选择、梳理和加工才能使其成为具有普遍必然性的真正意义上的知识。

其二，人的知性（认知结构等）并非上帝赐予，而是主体通过活动
（实践）与客体相互作用形成的。并且，在对客观世界的认识中具有不可或
缺的重要作用。

其三，人在接触新事物、学习新知识时，总是离不开原有的知识、经
验和主观感受（认知结构），总是在原有的认知能力的基础上去认识新事
物、发现新规律、把握新知识，同时，在这一过程中又进一步强化、完善，
乃至重构了自身的认知结构，提高了自身的认知能力。

其四，人的认知能力在很大程度上是由符号和语言决定的。人类通过
各种符号赋予世界以意义，并通过这些符号与世界进行沟通、互动和交流，
进而加深对世界的认识。语言则是人类认识世界的另一种不可或缺的重要
的工具，内蕴各种概念、观点、思想及逻辑。语言不仅可以用来学习和掌

---

① 陈琦. 教育心理学［M］. 北京：高等教育出版社：2011：22.

握知识，组织思维、促进思维的发展，进行社会性的交往与互动，同时，还可以起到自我反思和调节的作用。

其五，关于知识的性质，旧唯物主义知识观认为，知识是人的主观对于客观世界的正确反映，是客观见之于主观。因此，知识具有客观实在性、纯粹性、真理性和唯一性。建构主义知识观则认为知识不仅具有客观性，还具有主观性、情境性；并且既是后天的，又是先天的；既是个体的、多样的，又是社会的；既是相对的，又是绝对的。是多样性的统一。

2. 学习观

建构主义学习观彻底改变了传统教育教学观，主要表现在以下几方面：

其一，传统教育教学观离不开"教"，离开"教"是不可想象的，并且是以教为主，以学为辅，重教轻学；而建构主义学习观则认为"教""学"在很多情况下是可以分离，也必须分离，且主张以学为主，以教为辅，重学轻教。

其二，学习不再是教师直截了当地把知识传授给学生，学生被动地全盘接受的过程。而是学生在教师的引导、支持、帮助下，在与教师和同学的交流、合作过程中，充分调动各种学习资源，自主学习、自主探究、自主建构意义的过程。由于学习是在一定的情境即社会文化背景下，借助他人的帮助即人际间的协作活动而实现知识建构的过程，因此，建构主义学习观认为"情境""协作""会话"和"意义建构"是学习过程中不可或缺的四大要素。

其三，建构主义学习观主张以人为本，尊重学生的个性、主体性和创造性，实行个性化培养、因材施教；要求学生用探索法、发现法去建构知识和意义；要求学生主动发现问题、分析问题；要求学生主动搜集并分析有关的信息和资料，对问题要能够提出假设并进行验证；要能够把当前学习的内容与自己掌握的知识相联系、与日常生活和自然、社会中发生的现象相联系，这样建构的知识才扎实、深入，并具有知识迁移和学以致用的作用。

其四，学生在获取相关信息、建构意义的过程中，经历了一个"同化"

和"顺应"的过程，自身原有的知识结构（格局）也得到了强化、重组和提高，对世界的认知和把握能力得到了增强。学习的过程其实就是一个不断改善自身认知结构，提高自身认知能力，赋予外部世界以意义，自我建构的过程。

总之，学习不是简单的信息输入、存储和提取的过程，而是认知主体和认知对象之间相互作用的过程，也就是学习者与学习环境之间互动的过程；学习不是简单的信息积累的过程，而是包含新旧知识、经验的冲突，以及由此而引发的认知结构的重组、完善的过程。

建构主义学习观深刻地揭示了学习的质量是学习者建构意义能力的函数，而不是学习者重复教师思维过程能力的函数。换句话说，学习的有效性取决于学习者根据自身认知结构建构知识和意义的能力，而不是取决于学习者记忆和背诵教师讲授内容的能力。

3. 师生观

与传统教育主张教师和课本就是知识权威，教育就是教师向学生传授知识不同，建构主义从其知识观出发，认为在教学过程中应建立一种新型的师生关系，即"以学生为主体，教师为主导"。具体而言，就是师生在学习过程中始终处于一种平等的合作关系，学生在教师的引导和学习伙伴的配合下，充分发挥自身的个性、主体性、主动性和创造性，通过"情境""协作""会话"和"意义建构"，自主获取知识和能力。学生不再是知识被动的接受者和灌输的对象，而是意义和知识建构的主体和积极参与者，是课堂和学习的主人。

作为教师应有把课堂还给学生的决心和勇气！建构主义视域下教师由"知识的权威"、课堂的主人变身为学生自主学习的支持者、帮助者和合作伙伴。教师除了应具有比传统教师更丰富的知识（除学科知识、教育知识、还应具备较丰富的跨学科的知识包括人文知识等），以及较强的引导能力、把控时机的能力。教师要能够激发学生的学习兴趣和内生动力，通过创设符合教学内容的情境和提示新旧知识之间联系的线索，帮助学生建构当前所学知识的意义。为使学生的意义建构更为有效，教师应组织学生协作学习、展开讨论，并对协作学习进行引导，使之朝着有利于意义建构的方向发展。

此外，"以学生为主体，教师为主导"，一方面揭示了师生在学习过程中的平等关系和各自所发挥的重要作用；另一方面也在学界引起较大争议，即在教学过程中，如何把握"主体"和"主导"。就国内外教学案例来看，由于分寸掌握不当，不是"主导"变成了"主体"，教学又回到了传统教学的老路；就是"主导"变成"不导"，建构主义教学变成了放任自流、自行其是，导致教学改革的失败①。笔者认为，"主体""主导"二者在课堂中的相互关系、作用的大小、重要程度及影响，不是一成不变的，而是呈反比关系，应根据实际情况及时进行调整，"主体"的作用越大，"主导"的作用就越小；反之亦然。价值取向应指向"主体"在课堂教学过程所起作用和重要性，这是建构主义知识观、学习观导向所决定的，也是教学改革取得成功的需要，同时，也符合中国的一句俗话："教是为了不教！"——教育的最终目的是赋予学生摆脱对于教师的依赖，获得完全独立的自主学习、自我建构意义的能力。

4. 教学观

建构主义教学观主要体现在以下几方面：

（1）强调以学生为中心

建构主义认为，充分尊重学生的个性、主体性和创造性，确保学生在课堂学习过程中的主体地位，做到因人而异、因材施教是其核心。要提供学生有多种机会在不同的情境下去应用他们所学的知识（将知识"外化"）；要让学生能根据自身行动的反馈信息来形成对客观事物的认识和解决实际问题的方案（通过实践和自我反思巩固和获得正确的知识）。

（2）强调"情境"对意义建构的重要作用

建构主义认为，知识具有情境性，缺少情境知识就失去了意义，变得难以理解和接受；不仅如此，情境也是体验式学习的前提条件，真实的情

---

① 何克抗. 新型建构主义理论［M］. 中国教育科学，2021，4（1）：14–29.

境有利学生了解真实的场景，更易于调动学生的好奇心和求知欲，更易于激发学生的潜能，在相应的情境下对问题进行探讨，使学习者能利用自己原有的认知结构去同化和索引当前遭遇的新知识，从而赋予新知识以意义；如果原有的认知结构不能同化新知识，就会产生"顺应"过程，即对原有认知结构进行改造与重组。总之，通过"同化"与"顺应"才能达到对新知识意义的建构，提高自身的认知能力。

（3）强调"协作"对意义建构的关键作用

建构主义认为，学习者与周围环境的交互作用，对于知识的理解（即对意义的建构）起着关键性作用。学生在教师的组织和引导下就各种问题、观点、信息和理论等进行讨论和交流，相互碰撞，有益于激发学习兴趣和学习的动力，有益于取长补短、相互补充，有益于产生直觉、灵感和思想、智慧的火花。通过相互协作所产生的思想与智慧可以被整个群体所共享，完成对所学知识的意义建构，达到既定的教学目标。

（4）强调对各种学习资源的利用

为了帮助学习者主动探索和完成意义建构，教师应鼓励和支持学生主动搜集和掌握各种学习资源（包括网络和人工智能提供的资源）。教师应引导学生对这些资源进行正确选择、批判接受、正确使用，而非盲目相信，最好能做到学以致用、举一反三。

（5）强调学习的最终目的是完成意义建构

建构主义认为，学生是认知主体、是意义的建构者，所以把学生对知识建构作为学习的最终目的。教学设计通常不是从分析教学目标开始，而是从如何创设有利于学生意义建构的情境开始，整个教学设计紧紧围绕"意义建构"这个中心而展开，不论是学生的独立探索、协作学习还是教师引导，学习过程中的一切活动都要围绕这一中心开展，都要有利于完成和深化对所学知识的意义建构。

6.1.4　建构主义教学模式

经过 20 世纪 80 年代末以来长期教学实践所形成的比较成熟的建构主

义教学模式主要有支架式、抛锚式和随机进入式教学模式。下面就这三种教学模式的基本内容及实施细节作一简要介绍。

1. 支架式教学（Scaffold Instruction）

根据欧共体DGxIII有关文件，将支架式教学模式定义为：为学习者知识的理解和建构提供一种概念框架（conceptual framework）[①]。框架中的概念旨在帮助学习者更深入地理解问题，为此，要将复杂且具有挑战性的学习任务分解，以逐步引导，加深学习者理解。"支架"本意是用于建筑行业的"脚手架"，这里被形象地用于描述一种教学模式：学生沿此支架由最初的教师引导逐步过渡到自己调控并掌握和内化所学技能，以展开更深层次的认知活动，最终实现对所学知识的意义建构。简言之，是通过"支架"机制持续提升学生的认知水平，逐步将管理学习的任务从教师转移至学生自主完成，最后撤去支架，即起到搭建认知结构"脚手架"的作用。这实质上是一种对人类认知过程与知识获取机制的深入剖析与精妙运用。从认知科学的角度看，支架式教学抓住了学习的本质——即个体通过不断的试错、反思与重构，逐步建立起对世界的认知。在这一过程中，教师作为知识的引导者，为学习者搭建认知跳板，帮助其跨越知识的鸿沟，逐步攀升至更高的理解层次。

这种教学思想来源于前苏联著名心理学家维果茨基的"最近发展区"。教师根据最近发展区搭建适宜的教学支架，如提供知识背景、示范解题方法、组织讨论等。运用基本知识概念框架作为"脚手架"，促使学习者内化新知识，并通过支架作用不断地引导其认知从实际水平发展到潜在水平。随着学习的深入，支架的逐渐减少与撤除，将监控学习和探索责任由教师为主向学生为主转移，学习者将逐渐承担起独立探索的责任，实现自我超越与知识进阶。

支架式教学主要由以下几个环节组成：①搭建脚手架——根据学习内容最近发展区的要求（起点内容略高于学生已有知识水平）建立支架，即

[①] 张建伟，孙燕青.建构性学习［M］.上海：上海教育出版社，2004：43.

为学生搭建一个学习的框架，以便他们可以更好地理解和掌握知识。②进入情境——引导学生进入问题情境（放映录像、图示等），将其带入知识框架的特定节点。③独立探索——鼓励学生自主探索。引导他们自主决定探索问题及方向，帮助其沿概念框架逐步攀升、深入研究。最终实现无需教师引导，学生自主地在概念框架中提升至更高的理解层次。④协作学习——组织小组协商、讨论，并推选小组代表发言，在思维的碰撞中获得更深刻、更全面的认识与理解。⑤评估结果：包括教师评价、自我评估以及团队成员互评。比如评价能否独立思考、对小组合作的贡献以及对所学知识的意义建构等。

2. 抛锚式教学（Anchored Instruction）

抛锚式教学模式，又称情境学习，旨在通过真实而引人入胜的事件，让学生深刻感受和体验所学知识的本质、规律以及事物之间的联系，从而激发学习需求。通过自主学习、生生交流、亲身体验从识别目标到提出并达到目标的全过程。因此，教学应在与真实情境相似的环境中展开，以解决学生在现实生活中遇到的问题为目标[①]。

在抛锚式教学中，真实事例视为教学基础（即"锚"）。确定这类真实事件或问题被比喻为"抛锚"，因为他们的确定性将塑造整个教学过程和内容（就像轮船被锚固定住一样）[②]。抛锚式教学的设计原则是遵循吉伯逊（Gibson）的"供给理论"（Theory of Affordance），即情境能激发学习活动的潜力，不同的教学材料能够促进不同类型的学习活动。也就是说，教学应在完整的真实情境中明确学习目标。即所有教学活动的探索与展开、问题的解决都围绕"锚"来进行。如此，教师的角色变得十分重要，他们不仅是信息提供者，更是引导者、支持者，需要灵活处理学生在学习活动中建构出来的内容与教学计划之间的差异，促进学生创造性思维的发展。

抛锚式教学的主要环节有：①设计真实的"锚"，确保学习发生在与现

---

① Hein E G. Constructivist Learning Theory [C]. CECA Conference, 1991.

② 高文，王海燕. 抛锚式教学模式（一）[J]. 外国教育资料，1998（3）：68–71.

实情境相似的环境中。②围绕"锚"组织教学。选择与当前学习主题密切相关的真实事件或问题作为核心内容，可以通过讲故事、角色扮演等方式呈现简单的"锚"，也可利用录像、软件等展示"锚"，这一环节即为"抛锚"。③学生自主学习与合作学习，包括确定构建的内容、搜集资料、获取信息，利用信息和已有知识解决问题，或讨论问题、交流观点，加深对问题的理解，消解具体的"锚"。④效果评价。学生可根据具体情境进行自评或互评。教师随时观察并记录学生的表现。

3. 随机进入式教学（Random Access Instruction）

美国学者斯皮罗等将学习分为基础层次和高级层次。基础层次主要关注学生对重要概念及事实的掌握，能够在相似的情境中进行重复。而高级层次则要求学生不仅理解概念的深层次和复杂性，还能够根据不同情境灵活地重组和运用知识。由于现实事物的复杂性以及问题的多元性，全面深入地理解事物的本质及其相互关系，以及真正构建知识的深刻意义，都是面临的巨大挑战。因此在教学中需要多角度、多层次、立体化、多情境地呈现相同内容，建构主义提出了"随机进入教学"模式。当然，每次进入学习都有不同目的，不仅仅是简单的重复和巩固，而是促使学习者在认知上有全面的理解和飞跃，避免抽象地谈论概念的一般运用。

这种教学方法基于认知弹性理论[①]，旨在提高学习者的理解能力和知识迁移能力。使用的比拟是多维、非线性的"十字交叉"（criss-cross）形状的多元知识表征，即试图通过概念与案例的交融增强学习者的认知弹性，使学习者能够形成多角度的概念理解，实现对事物整体的认知飞跃。它不仅打破了传统教学的固定框架，更在深层次上推动了学生认知结构的重构和思维能力的提升。

该教学的流程可简化为：①呈现基本情境——展示与当前学习主题相关的基本情境，为后续的学习打下基础；②随机进入学习——教师呈现与当前所学内容的侧面情境，学生通过多种学习方法多角度探索同一问题；

---

① 高文.教学模式论［M］.上海：上海教育出版社，2002：45.

③思维训练——教师利用复杂材料培养学生的思维能力，通过点拨拓展学生思维空间；④合作学习——学生围绕认知建构展开讨论；⑤学习效果评价——学生评价自己和他人的问题解决方式，教师观察和记录学生表现。

由上可知，建构主义教学模式尽管多样，但又有其共性，都包含了情境、协作和对话要素，并在此基础上由学习者最终完成对所学知识的意义建构。

6.2　建构主义之于生态教育的意义

建构主义深受理性主义、非理性主义、人本主义心理学、存在主义哲学，尤其是皮亚杰等现代认识论的影响，同时也是时代历史发展和长期教育教学实践积累的产物。其涉及面广、内容丰富、深刻，具有很强的科学性、理论性、系统性和实践性，并且还具有兼容性和开放性，被视为迄今以来影响最为广泛和深远的教育理论或教育哲学，其教育观念和思想与生态教育观念和思想在很多方面可以说是不谋而合，因此，对于生态教育理论体系的构建和生态教育的实施具有重要的理论价值和实践意义。

建构主义对于生态教育理论体系构建和生态教育实施的价值和意义主要体现在以下几方面：

首先，对于培养独立的人格，培养人的个性、主体性和创造性具有重要意义。传统教育主张教师、课本是知识的权威，教师是课堂的主人。教育的过程就是教师照本宣科或结合自身的知识、经验，向学生传授知识，学生被动接受，对学习效果的评价也完全由教师决定。学生为了迎合教师，为了获得好的学习成绩，往往不是从认识世界、探索真理的角度进行学习，而是完全按照教师的思维方式去进行学习，照着教师、课本给出的标准答案死记硬背。其结果学生不仅没有真正掌握和提高认识客观事物、认识世界的能力，而且还丧失了自主学习、独立思考的能力，丧失了独立的人格。这与生态教育所要求的人的自由、全面、协调、可持续发展，充分实现人的本质特征南辕北辙。

从科学的认识论出发，建构主义认为，在教育教学过程中应建立新型的师生关系——"学生为主体，教师为主导"，师生之间应处于一种平等的相互协作关系，学生才是学习的主人、课堂的主人。学生应在教师的引导下，通过创设与问题有关的情境，在与教师和同学的相互协作下，充分收集和利用各种学习资源，特别是现代信息化资源，用探究和发现的方法去分析、梳理问题，提出合理的假设并加以验证，自主建构知识和意义。这与传统的教育思想和方法相比，学生的个性、独立性、主体性、积极性和创造性得到更多的尊重和发挥，学生被真正作为一个有自主意识和独立思维能力的人来看待，而非一个被动接受知识的容器，或是教师思想、观点的传声筒和复印机。学生自主学习、自主探究、自主发现和获得知识的能力得到了很大提高，自身的认知结构也能够得到不断的强化、更新和完善。在这一过程中，学生独立的人格也逐步形成，创新、创造能力也得到增强。

其次，有益于自然人向社会人的转变。人无论从其类属性来看，还是从其单个属性来看，作为自然人都具有动物性，是动物中的一种（或一员）。人之所以为人，与动物有了本质区别，划清了界限，或者换句通俗的话来说，就是"猴子变成了人"，究其原因，是人类长期进化的结果，是人类长期实践的产物，是由于人类理性的形成及其教育的出现。在本书第2章"教育的本真及与生态教育的关系"中，曾谈到教育具有人文价值和社会价值，因此，在教育的作用下，能够使人从无理性变得有理性，不断提高人的理性水平，提高人的文明程度，从而摆脱愚昧和野蛮，变得理性和文明，完成自然人向社会人的转变，成为一个真正的人。而建构主义教育能够比传统教育更有效地做到这一点，以符合生态文明社会的需要。建构主义认为，"协作"是学习过程不可或缺的重要因素，也是建构主义教学必不可少的重要原则。协作其实质就是人类认识事物和世界的一种实践活动，贯穿学习过程的始终。协作对教学情境的创设、认识对象的确立和分析、学习资源的搜集与运用、假设的提出与验证、成果的评价直至意义的建构均有极其重要的作用。

协作包括协商、会话与支持等内容。学习伙伴必须通过协商、会话、相互支持和帮助,规划学习任务,确定要解决的问题,搜集相关资料及对其进行分析,完成实验、实践活动,直至最终达成知识和意义的建构。在此过程中,学习伙伴于不知不觉中建立起了亲密的关系,知道如何尊重伙伴,如何取长补短,如何按计划和约定行事,如何通过互助的方式完成既定任务。通过经常性的协作,并伴以其他学习方式,学生的是非观、价值观、道德感和合作意识、集体意识、社会意识逐渐形成,并深入骨髓,学生将由一个个体的人转变为一个社会的人。

最后,有益于激发学生生命的活力,促进其可持续发展。传统教育从机械唯物主义认识论出发,认为知识可以通过传授的方式获得。强调教师、课本对于知识的权威性,强调要按计划完成大纲所规定的教学任务。在教学过程中,教师大多忽视学生自身知识结构上的差异,忽视自身知识结构对于认识不可或缺的重要作用,忽视学生的个性、兴趣、爱好和特长对于学习的影响,忽视学生自身对于学习的需要。往往采用照本宣科填鸭或满堂灌的方式进行教学,大多数学生也只能采用被动接受、死记硬背的方式进行学习,再加上被考试成绩、升学率、就业率等功利化需求所困扰,学习的目的就是为了成绩、升学和就业,导致传统教育异化现象严重,学习不是满足学生的求知欲,兴趣和爱好,不是满足学生自身内部所渴求的不断上升、自我超越、自我实现的需要,不是其本质力量的具体体现,而是成了其精神和肉体的沉重负担。学生学习兴趣下降,学习动机模糊,内生动力不足,厌学现象普遍存在。学生可持续发展存在巨大障碍。

建构主义认为,认识(知识)是主体通过活动(实践)与客体相互作用获得的。因此,主体在认知过程中具有决定性的作用,认识主体自身原有的知识、经验和感受(认知结构)在认知过程中起着关键作用。因此,在教学过程中,必须以学生为中心,并且,由于不同学生的经历各不相同其知识结构、认知能力、认知方法也各不相同,不应该也不可能对其进行整齐划一地进行培养,只能在尊重其认知能力、个性特征、兴趣爱好及特长的基础上,结合其独特的生活阅历,采用不同的方式方法进行培养。此外,必须通过精心设计问题、情境等方式,激发学生的学习兴趣和内生动力，引导其自主学习、自主探究，在师生的协作下，自主建构知识的意义。在这一过程中，由于学习是从满足学生的兴趣、爱好和特长出发，契合了学生自身内部不断积极向上、不断挑战自我、超越自我的需求，因此，学习不再是一种异己的力量，而是对自身本质力量的一种肯定和证明，是对其所拥有能量的释放，课堂就是一座展现自身生命价值和意义的舞台。学生对于学习就能够保持持续的热情和强大的动力，从而焕发出无限的创造力和生命的活力。

综上，建构主义从科学的认识论和人的需求出发，引导学生正确认识和把握客观事物和世界，获取知识和能力，对学生自由、全面、和谐和可持续发展具有不可或缺的重要的价值。

第 7 章　高校生态教育现状分析

7.1　调查问卷设计依据

"教学模式"最早由美国的 Joyce 和 Weil 于 1972 年提出，他们认为教学模式能够用来指导课程（长期）、设计教学材料、指导课堂或其他环境下教学的一个计划或模式。他们认为，教学方式是由教育目标、教学战略、课程设计、教材、社会学和心理学等方面相互影响的一种不同形式，使教师的行为得以制度化地进行类型选择。

由于认识角度和研究立场不同，国内学者对教学模式的概念一般归结为教学过程范畴、教学结构范畴和教学方法三大范畴。如周淑清学者认为"教学模式就是给学生提供一种能使学习得以产生的学习环境，这种学习环境的创设是在一定教学理论和教学思想指导下，通过教学实践的检验，将课堂教学诸要素用科学的方法组成较稳固的教学程序。"李秉德认为"教学模式就是在一定的教学思想指导下，围绕着教学活动中的某一主题，形成的相对稳定的、系统化和理论化的教学范式。"饶玲认为，教育模式又称为"大方法"，它是将某些系统的教育原理的应用程序化和操作化，它的本质是一种建立在某种教育理念或者教育学原理基础上的相对稳定的教育行为的架构和行为过程。

本书中的生态教育教学模式基于生态教育理论体系，在一定的教学情境下，通过教学目标的引导，使课程、教学和评估等要素在一定的情境下进行，使教育生态化。在这个教学模式中，生态教育理论体系是教学模式建立的基础和依据，其他要素都要依据这个理论来设计。教学目标既是指导性的，又是衡量教学质量的尺度。教学评估具有"反拨"的功能，并对教学目标进行引导。此外，营造良好和谐的师生、生生关系的教学环境也十分重要。

本书基于"生态教育"教学模式从生态课堂教学情境设计、协作、会话、意义建构等方面开发设计了教师版和学生版的高校本科课堂生态教育调查问卷，收集到213份教师问卷和506份学生问卷，旨在分析了解高校生态教育现状。

7.2 以高校教师为调查对象

7.2.1 高校教师基本信息分析

表 1 从事本科教学时间

选 项	小 计	比 例
不满 5 年	34	15.96%
5—10 年	28	13.15%
10 年以上	151	70.89%

表 2 授课类别（可复选）

选 项	小 计	比 例
A. 专业基础课	173	81.22%
B. 专业选修课	116	54.46%
C. 公共基础课	36	16.9%
D. 公共选修课	30	14.08%
E. 未承担本科生授课任务	1	0.47%

表 3　职称

选　　项	小　计	比　例
A. 助教	2	0.94%
B. 讲师	56	26.29%
C. 副教授	92	43.19%
D. 教授	63	29.58%

表 4　年龄

选　　项	小　计	比　例
A. 30 岁以下	7	3.29%
B. 30—45 岁	96	45.07%
C. 45 岁以上	110	51.64%

表 1—表 4 反映了高校本科教师的素质情况及工作经历。总体来说，被调查人员的素质较高，人员结构较为合理：讲师及以上职称达99%，副教授及以上职称达到近73%；被调查者基本拥有丰富的教学经验以及较长的教学经历，84%以上的被调查者从事本科教学时间超过 5 年，近71%的被调查者拥有十年以上的本科教学经验；被调查者年龄结构分布合理，四十五岁以下以及四十五岁以上基本平均分布；被调查者授课类别涵盖各种本科课堂主要课程：专业基础课占81.22%，专业选修课占54.46%，公共基础课占16.9%，公共选修课占14.08%，分布合理。作为高校本科课堂的教师必须拥有丰富的教学经验以及扎实的教学能力。作为高校本科课堂的组织者，必须拥有足够的教学经验才能进行生态教学，在日常课堂教学中融入生态教育理念，被调查者丰富的教学经验以及专业的教学能力为生态教育的普及以及实施提供了有利的先决条件。

7.2.2 教师视角下高校生态教育现状调查分析

1. 教师视角下高校生态课堂教学情境设计调查分析

表5 备课花费时间

选　　项	小　计	比　例
A. 研读课程标准和教材，寻找课外相关资料	126	59.15%
B. 策划学生活动	8	3.76%
C. 制作教学课件	70	32.86%
D. 书写教学设计文稿（教案）	9	4.23%

表6 备课时常考虑和反思的问题

选　　项	小　计	比　例
A. 学生的兴趣	37	17.37%
B. 每节课的教学任务必须完成	21	9.86%
C. 课堂活动的内容及形式设计	107	50.23%
D. 落实新理念于教学中	48	22.54%

　　表5—表6反映了高校本科教师在课前备课环节做出的准备工作。如表5所示：研读课程标准和教材，寻找课外相关资料占比达到59%，由此可见课前的准备工作中研读课程标准和教材，寻找课外相关资料占用了教师较多的时间和精力；随后便是根据找到的相关资料制作教学课件，达到了32%；书写教学设计文稿（教案）占比达到4%，截至目前仅仅在课程前期的必要准备工作占比就已经达到惊人的95%，可见在备课环节，课程的必要准备工作占据了老师很多精力和时间，留给老师策划学生活动，作出与课程效果呼应的学生活动的时间仅占4%不到。表6数据表明，大多数高校教师备课时还是以课堂内容及形式设计为主，占比高达50.23%，其次才是考虑落实新理念以及学生的兴趣。生态教育需要以学生为中心达成生

态教育的目标，需要更多的学生活动来引导学生进入情境，后续可能需要改良，提高备课环节对吸引学生兴趣以及落实生态教育新理念的重视。

表 7　备课时，有否考虑创设问题情境来激发学生的学习兴趣

选　项	小　计	比　例
A. 全部考虑了	47	22.07%
B. 大部分考虑了	147	69.01%
C. 个别考虑了	16	7.51%
D. 没有考虑	3	1.41%

表 8　对创设教学情境的重要性持何种态度

选　项	小　计	比　例
A. 非常重要	141	66.2%
B. 一般重要	69	32.39%
C. 不太重要	2	0.94%
D. 没有必要	1	0.47%

表 7 数据表明了教师在备课时是否会考虑创设问题情境来激发学生的学习兴趣，22.07% 的被调查者表示全部考虑了，69.01% 的被调查者选择了"大部分考虑了"选项，仅有 7.51% 和 1.41% 的被调查者选择了个别考虑了以及没有考虑两个选项。根据上述数据可以看出虽然生态教育在我国高校本科课堂普及度并不算高，但是其主张的理念其实在实际教学过程中已经得到了比较普遍的运用，大部分教师在本科课堂教育过程中都会考虑到借助创设问题情境的方法来吸引激发学生的学习兴趣。

表 8 反映了被调查者对创设教学情境的重要性持何种态度，其中 141 位被调查者认为创设教学情境非常重要，达到总占比的 66%，一般重要为 32%，仅有不到 2% 的被调查者认为创设教学情境在本科课堂教育中为不太重要或者没有必要，由此可见绝大多数的被调查者都认可关于生态教育创

新型课堂模式，创设教学情境来达到教学目的的理念。在生态教育学习环境下，教学设计不仅要考虑教学目标达成，还要考虑有利于学生建构意义的情境的创设问题，并把情境创设看作是教学设计的最重要内容之一。教师对情境创设的高认同度无疑对生态教育理论体系主张的生态教育教学模式提供了有力的先决条件。

表 9　对学生失去上课兴趣的做法

选　项	小　计	比　例
A. 继续讲，完成教学任务	28	13.15%
B. 及时调整教学方式	184	86.38%
C. 让学生自习	1	0.47%

表 10　对于多媒体在课堂上运用的看法

选　项	小　计	比　例
A. 多媒体是课堂教学必需的工具	61	28.64%
B. 多媒体只是辅助的教学手段	87	40.85%
C. 多媒体可扩展教育资源	36	16.9%
D. 不是所有的内容都必须用多媒体	29	13.62%

如表 9 所示，教师在本科课堂教育过程中面对学生失去上课兴趣的情况，13% 的被调查者选择继续讲课，完成教学任务，86.38% 的被调查者选择及时根据情况调整教学方式。由此可见，绝大多数的教师在本科课堂教学过程中会按照课堂实际情况来及时调整教学方式，保持学生在课堂中对于接受知识的积极性。

表 10 反映了高校教师在本科课堂中对于多媒体在课堂的运用的看法，28.64% 的被调查者认为多媒体是课堂教学必需的工具，40.85% 的被调查者认为多媒体只是辅助的教学手段，16.9% 的被调查者认为多媒体可扩展教育资源，13.62% 的被调查者认为不是所有的内容都必须用多媒体。综合

来说多媒体丰富了课堂教育的手段，为达成教学目标存在积极的促进作用，但是也存在着一些教学内容是多媒体教学方式无法覆盖的，还需要其他教学手段的补充。

在课堂上，学生是否能够积极地参与到课程学习当中，主要取决于导入阶段是否有趣，是否具有吸引力和具备激发学生学习欲望的功能。因此，教师在实际授课的过程中需要对导入阶段做好规划设置。以往，教师在授课的过程中通常以直接点题的方式导入所要讲授的课程内容，导致学生的注意力很难被吸引。而在新时期生态教育背景下，教师则可以合理地设置问题，以具体的问题为载体进行课程知识的有效导入，让学生能够在问题的指引下明确具体的学习方向。同时，教师在设置问题时也可以本着发现、探索的原则与学生之间就问题的解决思路进行有效的互动。通过师生互动营造轻松、自然的和谐生态课堂气氛，让学生在思考问题以及互动过程中实现学习思路的进一步发散。

2. 教师视角下高校生态课堂协作现状调查分析

表 11　上课过程中把握讲课节奏的主要根据（可复选）

选　　项	小　计	比　例
A. 时间和内容的多少	124	58.22%
B. 教材的难易程度	114	53.52%
C. 学生的接受情况	159	74.65%
D. 自己课前的预设方案	69	32.39%

表 11 反映了针对上课过程中把握讲课节奏的主要根据的调查结果。58.22% 的被调查者根据时间和内容的多少来把握课堂节奏；根据教材的难易程度来把握课堂节奏的老师占据 53.52%；根据学生的接受情况来把握课堂节奏的教师占据 74.65%；最少的是按照自己课前的预设方案来把握进度选项，仅占 32.39%。总体来说，绝大多数的教师在课堂教学过程中都会兼顾时间限制、教材难易程度以及学生实际接受情况的因素来调整教学节奏，

达成教学目的。生态教育学习观提倡学习应该以学生为中心，达成生态教育的教学目标，在创新型生态课堂模式中，绝大多数的教师都会根据学生的接受情况来及时调整教学节奏便是此理念的体现。

表 12　是否经常让学生上台讲解

选　　项	小　计	比　例
A. 经常	25	11.74%
B. 偶尔	161	75.59%
C. 从不	27	12.68%

表 12 反映了教师在高校本科课堂教育过程中对于让学生上台讲解的频率，选项"偶尔"占据最大比重，达到了 75.59%；其次是"从不"选项，达到总体的 12.68%；最后为"经常"选项，仅占所有被调查者的 11.74%。总体来说，被调查者对于教堂反转即让学生在课堂教学过程中扮演演讲者的身份的重视程度并不是很高，在教学过程中教师仍充当着教学环节的主体和主导者。

3. 教师视角下高校生态课堂会话现状调查分析

表 13　教学中是否注重与学生的情感沟通和交流

选　　项	小　计	比　例
A. 经常	148	69.48%
B. 偶尔	65	30.52%
C. 从不	0	0%

表 13 反映了被调查者在教学中注重与学生的情感沟通和交流的频繁程度，其中 69.48% 的被调查者表示在教学中经常与学生进行情感沟通和交流；30.52% 的被调查者表示偶尔与学生进行情感沟通和交流；在教学中从不与学生进行情感沟通和交流的比例为 0。由此可见在本科课堂教育过程中，基本所有教师在课堂的推进过程中都较为注重与学生的情感沟通与交流，以此来更好地推进教学进程，帮助学生完成知识的构建。

表 14　是否注意根据学生的不同情况，给予针对性的教学和辅导

选　项	小　计	比　例
A. 经常	96	45.07%
B. 偶尔	110	51.64%
C. 从不	7	3.29%

　　表 14 反映了被调查者是否会注意根据学生的不同情况，给予针对性的教学和辅导，即在教学过程中能否达到生态教育观所主张的"因材施教"。其中 45.07% 的被调查者会经常根据学生的实际情况及时调整教学以及辅导方式；51.64% 的被调查者表示偶尔根据学生的实际情况给予针对性的教学和辅导，这样对不同的学生给予不同的教学方式以及辅导更加有利于学生对于知识的理解及运用，也让不同类别的学生都能够完成知识建构。考虑到教师的精力以及课堂时间的限制，"经常"选项的占比能够达到总体的 45.07%，已经较高。

表 15　最擅长的教学方法

选　项	小　计	比　例
A. 创设问题情景，让学生发现和提出问题	77	36.15%
B. 以讲为主	126	59.15%
C. 以活动为主	7	3.29%
D. 以辅助学生自学为主	3	1.41%

表 16　在课堂教学中使用频率最高的教学方法

选　项	小计	比例
A. 问题教学法讲述新知识	76	35.68%
B. 展示教学目标，学生分组讨论，教师精讲	23	10.8%
C. 让学生看课本，做练习	1	0.47%
D. 教师主讲，辅以学生讨论、思考	113	53.05%

表 15—表16 反映了被调查者最擅长的教学方法以及在课堂中使用频率最高的教学方法，两者选项占比基本协调一致，即绝大多数被调查者在课堂教学过程中都会选择自己较为擅长的教学方法进行实际教学活动。36.15% 的被调查者表示自己最擅长"创设问题情景，让学生发现和提出问题"的教学方法，这也是生态教育课堂中的核心要素——情境教学法，学习的过程不是传授知识的过程，而是帮助学习者在相关情境背景中去建构自己的意义，即"生态教育"的创新型课堂模式。此选项对应表 16 的 A 选项"问题教学法讲述新知识"，达到总体的 35.68%，所谓问题教学法即在课堂开始前抛出问题，创造情境，引导学生进入情境自主思考问题，在回答问题的过程中完成知识构建。

表 15 中 59.15% 的被调查者表示更擅长"以讲为主"的教学方式，在实际的课堂教学过程中采用"教师主讲，辅以学生讨论、思考"也高达 53.05%。由此可见在本科课堂的教学过程中，大部分的教师还是更加擅长较为传统的教学方式，传统学习观是人类长期教育教学经验的结晶，历史上曾经对教育教学产生过重要的作用。但随着社会的发展、时代的进步，尤其是互联网和多媒体技术在教育教学中的大量应用，传统学习观的不足越发明显，越来越不能满足快速发展的生态教育需求。传统的教学方式存在着学习方法单一化、程式化，学习活动缺乏体验性，只能让学生被动地接受知识等局限性。

传统教学模式学习观只注重知识本身，而忽视了学习主体的能动性，不能体现学习者学习中的个体差异；传统的教学模式，通常是将学习内容进行简单抽象，剔除无关的内容，强调重要的特征和规律，没有考虑学习的特定环境，缺少与情境的交互作用。这种简单的以"教"为核心的知识加工方式，忽视了学习者自身的认识特性和社交特征，导致学习者难以适应环境的改变，难以运用所学知识来解决现实问题。学习者难以由抽象到具体，不能做到学以致用，从而难以适应迅速多变的现代社会。而生态教育便是针对传统教育方式的局限根据实际情况做出的优化改良，更有利于学生在学习过程中建构意义，对当前学习内容所反映的事物的性质、规律以及该事物与其他事物之间的内在联系达到较深刻的理解。

表 17　是否了解生态课堂

选　项	小　计	比　例
A. 非常了解	24	11.27%
B. 有一些了解	96	45.07%
C. 不太了解	72	33.8%
D. 没有听说过	21	9.86%

表 17 反映了被调查者对于生态课堂的了解程度。11.27% 的被调查者表示对生态课堂的概念非常了解；45.07% 的被调查者选择了"有一些了解"选项；选择"不太了解"以及"没有听说过"即完全不了解的被调查者比例分别达到 33.8% 与 9.86%。生态教育教学理论自 20 世纪 90 年代进入我国以来，已得到长足的发展，高校大多数教师都对之有一定程度的了解，然而也存在小部分教师对于生态教育理论体系的了解还停留在比较浅显的层面，并不了解生态教育的核心思想，想要进一步的推动生态课堂在高校的实施，还需要对生态教育进行进一步的普及。

表 18　课堂是否使用"对""错""是""否"等判断词对学生进行评价

选　项	小　计	比　例
A. 经常使用	22	10.33%
B. 偶尔使用	84	39.44%
C. 很少使用或基本不使用	107	50.23%

表 18 反映了被调查者在日常的本科课堂教学过程中，在学习评价阶段对于学生的评价方式，10.33% 的被调查者表示经常使用"对""错""是""否"等判断词对学生进行评价，39.44% 的被调查者表示偶尔使用上述手段对学生进行评价，在课堂上很少使用或基本不使用上述评价方式对学生进行

评价的被调查者占据了50.23%。随着生态教育理论的日益发展以及普及，高校本科课堂教师的教学综合能力以及素质都得到了长足的发展，简单的"对""错""是""否"等简单绝对的判断词在课堂评价环节中已经不是多数教师的首选，大部分被调查者都表示会结合实际情况对学生进行更加综合多维度的评价。

表19 在日常课堂互动过程中，给自己的角色定位

选 项	小 计	比 例
A. 知识传授者	79	37.09%
B. 合作者	37	17.37%
C. 课堂主导者与组织者	97	45.54%

表20 在教学过程中，认为师生互动对课堂的重要程度

选 项	小 计	比 例
A. 非常重要	143	67.14%
B. 比较重要	57	26.76%
C. 一般重要	10	4.69%
D. 不太重要	3	1.41%

表21 在日常教学过程中最常采用的互动类型

选 项	小 计	比 例
A. 教师—单个学生互动型	58	27.23%
B. 教师—小组互动型	36	16.9%
C. 教师—全班学生互动型	117	54.93%
D. 学生—学生互动型	2	0.94%

表19—表20反映了被调查者对于高校本科课堂上互动这一环节的一系列相关评价。其中表19反映了被调查者在日常课堂互动过程中给予自己

的角色定位，37.09% 的被调查者认为在日常课堂互动过程中自己仅仅承担着"知识传授者"的任务，这种观点在传统教育中更为普遍，然而在这种单向线性教学关系中，学生的主动性、积极性和创造性被忽略，甚至被压抑和压制。学生作为一个独立的个体所拥有的独特思想、情感、个性等不能获得老师的尊重，师生间必然不能形成双向互动。教与学双方具体、生动的关系得不到体现，教学成为按照某种套路进行的功利性活动，难以充分发挥教育的功能和作用。17.37% 以及 45.54% 的被调查者更倾向于在课堂教学互动过程中将自己定义为"合作者"以及"课堂主导者与组织者"，即自己并不是课堂教学的主体，仅仅是引导着学生的认知活动，引导学生的学习，而不是主导整个教学活动，使得学习者在整个教学过程中不是被灌输知识，而是学习者主动地去使用自己的认知网络去接受新的知识，能够按照自身知识的理解来建构知识，在原有知识的基础之上增长新的知识，更为符合生态教育教学观的教学理念。

表 20 反映了被调查者在教学过程中，认为师生互动对课堂的重要程度，认为非常重要以及比较重要的分别占据了整体的 67.14% 以及 26.76，认为在教学过程中师生互动一般重要以及不太重要的仅仅占据了总体的 6.1%。由上述数据可知，随着教育科学的发展以及高校教师的综合素质水平日益提高，教师在本科课堂教学过程中对于互动环节的重要性的认可度已经达到较高水准。

表 21 反映了被调查者在课堂日常教学环节中采用频率最高的互动方式。"教师-学生单个互动型"占据了总体的 27.23%，此选项对应的是日常课堂中，比较传统也是最为常见的互动方式，具体来说便是老师与单个学生进行互动，可以是向学生提出问题，引导学生进行进一步的自主思考，并以此学生为代表，带动其他全体学生的进一步思考，推进课堂的整体进度；也可以是让学生提出进一步的问题，作为课堂的答疑解惑环节，让学生以知识接受者的角度指出课堂教学环节中存在疑惑的知识点，自己做进一步的解答，帮助学生彻底理解教学过程中的所有知识点。

表 22　是否认为大部分的高校学生具备自主学习的能力

选　项	小　计	比　例
A. 是	129	60.56%
B. 否	69	32.39%
C. 不太清楚	15	7.04%

表 23　是否告诉学生下节课的学习内容并要求学生预习

选　项	小　计	比　例
A. 一般不	24	11.27%
B. 偶尔	76	35.68%
C. 经常	113	53.05%

表 22 反映了教师对于高校学生自主学习能力的认同感，60.56% 的被调查教师认为大部分高校学生具备自主学习的能力，即有能力独立自主完成学习目标，不需要教师的监督与督促；被调查者中的 32.39% 认为大部分高校学生不具备自主学习的能力，在课堂上可能需要更多的教师参与，来引导其按照自己既定的教学任务完成教学目标，考虑到不同高校不同学生的个体素质差异，存在这种情况也较为正常；最后还有 7.04% 的被调查者表示自己并不清楚高校学生是否具有独自学习的能力。生态教育教学模式强调了学习者的认知主体作用，认为教师是学习的帮助者、促进者，而不是传统教学意义上的知识灌输者。教师应该把学生看作有思考力、探究意识、能够自己提出假设并加以验证的个体，要培养学生的独立性、主动性和领导能力。在生态教育学习观的指导下，学习不再是知识的简单获得，而是知识的重新组合、意义的自主构建；学生不再是知识的被动接受者，而是具有独立性和自主性、分析及寻求答案的主动构建者。

表 23 体现出了被调查者是否告诉学生下节课的学习内容并要求学生预习的各选项比例，选择"一般不"的被调查者占 11.27%；选择"偶尔"的

老师占 35.68%；表示经常告知学生下节课内容并让其预习的超过半数，达到 53.05%。由此可见，大部分被调查教师在本科课堂教学过程中都比较重视预习环节对于整体教学的重要性，大部分教师也都在教学中体现出了对预习环节的重视。提前告知学生下节课的教学内容，让其提前预习可以让学生在课前对下节课的内容有一个初步了解，在课堂上学习新知识时便会更得心应手，更容易对新知识充分理解，并将其化为自己知识结构的一部分。生态教育学习理论认为，教学不再是传递客观而确定的现成知识，而是激活学生原有的相关知识经验，促进知识经验的"生长"，促进学生的知识建构活动，以实现知识经验的重新组织、转换和改造，而学生在预习、接触新知识时，势必会引起深入思考，并联想到自己已有的知识架构，帮助其进行理解。

4. 教师视角下高校生态课堂意义建构现状调查分析

表 24　课堂以谁为主体进行授课

选　　项	小　　计	比　　例
A. 教师	98	46.01%
B. 学生	115	53.99%

表 25　生态教育的教学模式是否更能提高学习效率的态度

选　　项	小　　计	比　　例
A. 能够有效提高	125	58.69%
B. 效果一般	49	23%
C. 效果不太明显	28	13.15%
D. 不能提高效率	11	5.16%

　　表 24 对被调查教师所在的课堂情况进行了调查，调查其课堂是以教师还是学生为课堂主体。46.01% 的被调查教师是以自身作为课堂主体进

行授课，其原因在于长久以来的教学习惯以及传统教学理念所致。然而传统的以教师为教学主体的教学模式在适应当前现代教育教学新技术突飞猛进的形势方面存在着一定的弊端，传统教学理论更加强调知识的传授，而忽视了学习者的学习。学生围着教师转，学习以"教"为中心，学习过程中容易忽视学生的认知背景和学习自主性，结果造成了学习方法的简单划一、按部就班和程式化。这样容易忽视学习的个性化差异，难以体现学生的主体性，违反了教育的本真，会造成教学效果低下；可喜的是有53.99%的教师认为课堂应以学生为主体，生态教育的教学思想得到了高度认同。

表25体现了被调查教师对生态教育的教学模式是否更能提高学习效率的态度，58.69%的被调查者表示在本科课堂教学过程中生态教育教学模式确实能更加有效地提高学习效率；23%的被调查教师表示生态教育教学模式对于学生学习效率的提高效果一般；认为生态教育教学模式不能显著的提高学生学习效率的被调查教师共占18.31%，其中明确表示生态教育教学模式不能提高效率的仅占所有被调查教师的5.16%。考虑到不同被调查教师所组织的课堂参与学生的不同，个体素质可能存在差异，因此存在此现象较为合理。生态教育学习观提倡学习应该以学生为中心，强调以"学"为主，强调学生对知识的主动探索、主动发现和对所学知识的主动建构，强调质疑性、批判性思考在知识建构中的重要作用。

表26　认为生态教育教学法适合高校本科课堂

选　　项	小　计	比　　例
A. 非常适合	37	17.37%
B. 适合	77	36.15%
C. 不太适合	17	7.98%
D. 不清楚	82	38.5%

表 27　在课堂教学时是否采用过生态教育教学法

选　项	小　计	比　例
A. 是	47	22.07%
B. 否	87	40.85%
C. 偶尔	79	37.09%

表 28　在教学实践中是否借鉴了生态教育教学模式

选　项	小　计	比　例
A. 是	96	45.07%
B. 否	117	54.93%

　　表 26—表 28 反映了被调查教师对于生态教学理念的一系列综合评价，总体来说对于生态教育表现出了积极的认可态度。

　　表 26 反映了被调查教师认为生态教育教学法是否适合高校本科课堂，认为非常适合本科课堂的占 17.37%，认为适合本科课堂的占 36.15%，明确认为不太适合本科课堂的仅占 7.98%，最后还有 38.5% 的被调查者表示不清楚生态教育教学理念是否适合本科课堂。生态教育强调知识的情境性与动态性。它认为知识是一种解释或者假说，而不是对现实世界的准确表征。知识不是一成不变的，需要根据具体情景来进行再创造。不同的学习者根据自己的经验背景建构起属于自己的知识，正所谓"一千个读者会产生一千个哈姆雷特"，高校的知识丰富多彩，学生可以根据自己的喜好去选择课程。高校的课堂有更多的活动时间留给学生自己去探索，学生对于老师的教学观点也会产生不同的见解。生态教育的知识观很好地体现了高校本科教育的这一特点。高校本科教育应该遵循生态教育的这一理念，尊重学生的自主观点，给学生更多自己动手探索的机会并形成自己认识的空间，进一步促进高校校园文化的大繁荣，提高生态教育的质量。

表 27 反映了被调查教师在高校本科课堂教学时是否采用过生态教育教学法，22.07% 的被调查教师明确表示自己经常使用借鉴生态教育教学法；37.09% 的被调查者表示自己在课堂教育过程中偶尔使用生态教育教学法；最后有 40.85% 的被调查者表示自己没采用过生态教育教学法。然而结合现实实际情况，笔者认为虽然这部分被调查教师表示自己没有采用生态教育教学法，但是实际上这部分教师在课堂上或多或少都曾经使用过生态教育教学理念所倡导的教学方式。时至今日，虽然可能还有部分教师对生态教育教学理论不太了解，但是生态教育教学理念所倡导的教学方式已得到广泛运用，在日常课堂教学过程中普遍使用的案例教学法以及小组汇报法，就是生态教育教学理念所倡导的，其共同特点就是主张让学生代入情景，以及将学生设为课堂主体，引导学生完成知识的建构。他们在课堂中可能使用了这些方法，但是由于对生态教育教学理论的不了解，所以认为自己并未使用过。

表 28 反映了被调查教师在高校本科课堂教学中是否借鉴了生态教育教学模式。45.07% 的被调查教师表示自己在教学实践中确实借鉴了生态教育教学模式，将生态教育教学所倡导的一系列教学方法运用到了日常的教学实践中；54.93% 的被调查教师表示自己在教学实践中没有借鉴生态教育教学模式，针对此现象，即超过半数的被调查教师表示自己在日常的教学实践中并未借鉴生态教育教学模式，笔者认为造成此现象的原因是许多被调查教师对生态教育教学模式的了解并不是非常深入，并不知道高校本科课堂教学中许多常见的教学方式本来就是生态教育教学模式所倡导的，例如主张以学生为中心、引导其完成知识建构的案例教学法及小组讨论汇报法。如果排除掉这一部分被调查者，那么被调查教师中的绝大部分在教学实践过程中都或多或少地借鉴了生态教育教学模式，生态教育教学模式所倡导的方法和理念其实已经得到了较为广泛的运用。

5. 教师视角下高校生态课堂有关生态教育其他情况的调查分析

表 29 反映了被调查教师认为生态教育对高校本科教学的影响。选择选项"在高校本科课堂中进行生态教育可以使学生更能在情境中学习"的被调查者有 133 人，占被调查教师的 62.44%，生态教育理论认为，学习总是

与一定的社会文化背景即"情境"相联系的，在实际情境下进行学习，可以使学习者更好地利用自己原有认知结构中的有关经验去同化和索引当前学习到的新知识，从而赋予新知识以某种意义；如果原有经验不能同化新知识，则要引起"顺应"过程，即对原有认知结构进行改造与重组。总之，通过"同化"与"顺应"才能达到对新知识意义的建构。在传统教育课堂讲授中，由于不能提供具有生动性、丰富性的实际情境，同化与顺应过程较难发生，因而将使学习者对知识的意义建构发生困难，而这也是生态教育对于教师如何在课堂中发挥作用最独特的理解。

表 29　认为生态教育对高校本科教学的影响是（可复选）

选　项	小　计	比　例
A. 使学生更能在情境中学习	133	62.44%
B. 能够引导学生进行自主学习	143	67.14%
C. 提高学生学习的积极性	135	63.38%
D. 有利于创造合作互助的学习关系	114	53.52%

认为生态教育倡导的教学模式在高校本科课堂中的运用能够引导学生进行自主学习的被调查者比例达到 67.14%。生态教育认为："教师是意义建构的帮助者、促进者，而不是知识的传授者与灌输者。"这就要求老师在教学过程中从以下几个方面发挥指导作用：激发学生的学习兴趣，帮助学生形成学习动机；通过创设符合教学内容要求的情境和提示新旧知识之间联系的线索，帮助学生建构当前所学知识的意义；为了使意义建构更有效，教师应在可能的条件下组织协作学习，如开展讨论与交流，并对协作学习过程进行引导使之朝有利于意义建构的方向发展。

认为生态教育能够有效提高学生学习积极性的被调查教师达到 63.38%，在生态教育指导下的主动学习中，强调以学生已掌握的知识为基础，在原有的基础上逐步引入新的知识，引导学生利用已有的知识去思考和实践，从而掌握新的知识，在主动学习的过程中，学生是整个教学活动的中心。因此，应该促使学生开动脑筋，进行一定程度的反思，不停地用所学过的知识来解决问题，在此过程中建构新的知识。

53.52% 的被调查者表示在高校本科课堂中运用生态教育的教学方式有利于创造合作互助的和谐师生关系。

传统教学模式下，课堂上的整个班级作为一个大"组"，老师面向全班授课，只叫举手的学生回答问题，只针对个别学生提问，并且在同一时间内向所有学生解释答案。这时老师的教学是建立在假定每个学生的学习方式相同、每个学生对所学知识都会形成相同认识的基础之上的，以"大组"为单位接受信息，然后再独立完成作业的方式，由于学生之间少有机会共同建构意义，被认为是一种低效的教学方式。

社会认识论心理学家维果茨基提出，学习是一种社会经验的内化过程，从社会思维向个人思维发展。个体首先通过独立思考创建个人意义；然后，在与他人的对话中检验自己的思维活动，构建社会意义；接下来个体通过与全班或更大的团体一起评述自己的思维活动，建构、分享意义；最后，教师引导学生在局部小范围或者更大的领域思考标准意义。意义生成的动态过程体现了社会建构文化知识的一系列步骤。

生态教育赞同以学生为主体的"积极"学习，认为学习者在与同伴一起思考研讨、记录自己和同伴的思维活动、向听众展示并解释陈述自己的想法时，会思考得更加深入，学生在参与共同思考和创建意义时更加自信，会对学习更感兴趣。

表30 认同以下哪种教学理念（可复选）

选　　项	小计	比例
A. 以学生为中心，形成教学活动中的学生主体地位	143	67.14%
B. 在教师的引导下，更加注重培养学生的自主学习能力	180	84.51%
C. 通过考试检测学生对专业理论知识的掌握程度	83	38.97%
D. 采用科研活动进课堂的方式，培养学生发现、捕捉和判断各种信息的能力，培养学生的创新能力	123	57.75%

表 30 表明了被调查教师在高校本科教学实践环节中更倾向于认同何种教学理念。

认为以学生为中心，形成教学活动中的学生主体地位能更有效地推进教学成果的被调查教师占比达到 67.14%。生态教育学习理论强调学生为主体，把学生看成是认知主体和知识意义的积极建构者；教师在意义建构过程中只是起到辅助和促进的作用，而不是直接把知识传授、灌输给学生。在生态教学中，师生的地位和作用与传统教学方式有较大的不同。教育技术领域的专家们展开了大量的研究和探索，试图构建一套适合生态教育学习理论和学习环境的全新的教学设计理论与方法体系。

认同课堂教学实践中应该在教师的引导下，更加注重培养学生的自主学习能力的被调查者占比达到 84.51%。生态教育学习理论以及与生态教育学习环境相适应的教学模式为："以学生为中心，在整个教学过程中教师起组织者、指导者、帮助者和促进者的作用，利用情境、协作、会话等学习环境要素充分发挥学生的主动性、积极性和首创精神，最终达到使学生有效地实现对当前所学知识的意义建构的目的。"在这种模式中，学生是知识意义的主动建构者；教师是教学过程的组织者、指导者、意义建构的帮助者、促进者；教材所提供的知识不再是教师传授的内容，而是学生主动建构意义的对象；多媒体设备也不再是帮助教师传授知识的手段、方法，而是用来创设情境、进行协作学习和会话交流，即作为学生主动学习、协作式探索的认知工具。

认同通过考试检测学生对专业理论知识的掌握程度的被调查教师占比仅占所有被调查者的 38.97%。这种传统的课堂教学模式下的评价方式具有单一性的标准、主体、内容、形式、过程和目的。传统课堂教学评价标准以传授知识和技能为基本教学目标，评价功能只定位在检查学生对知识的记忆、理解和应用上，而忽视对学生自主、合作、探究能力的评价。评价主体基本是自上而下的，教师是整个教学过程的主宰者，学生只能无条件服从教师。评价内容只关注学业成绩，忽视对学生综合素质的培养，只关注对知识和技能掌握的熟练程度，忽视情感、态度和价值观。评价形式主要是测试，只关注学生成绩和排名。评价过程主要是通过各种小考和测试，在课堂上主要体现在结束课程后的检测或阶段性考试。评价目的过于关注甄别与选拔，忽视改进与激励，一切为了"分数"。

认可在课堂教学中采用科研活动进课堂的方式，培养学生发现、捕捉和判断各种信息的能力，培养学生的创新能力的被调查教师占比达到57.75%。生态教育主张"在解决问题中学习"。首先，要培养学生的问题意识。心理学的研究也表明，发现问题是思维的起点，是思维的源泉和动力，也是创新的基础。因此，在生态课堂教学中，教师应注重激发学生思维的积极性，培养学生的问题意识。问题意识是指学生在认识活动中意识到一些难以解决的、疑惑的问题时所产生的一种怀疑、反思、探究的心理状态，这种心理状态驱使学生积极思维，不断提出问题。在课堂教学中，教师不仅要培养学生的问题意识，还要善于挖掘素材，努力创设各种问题情境，鼓励、引导学生多角度多层面地深入探索问题，用疑问开启学生思维的心扉，启迪学生智慧，帮助他们不断挑战自我，享受探索问题给自己所带来的快乐。

表 31　认为完全让学生自主学习有何缺陷（可复选）

选　　项	小　计	比　例
A. 学生对知识了解片面	148	69.48%
B. 老师较难掌握学习进度	123	57.75%
C. 学习自控能力差，效果不理想	170	79.81%
D. 课程难以进行	62	29.11%

表 32　怎样引导学生开展自主学习（可复选）

选　　项	小　计	比　例
A. 将学生分成小组进行讨论、思考	136	63.85%
B. 让学生列出预习中遇到的问题，而后集中讲解	112	52.58%
C. 学生有问题时，随时指导	107	50.23%
D. 提出具体的学习要求，在学生学习有障碍时给予指导	120	56.34%
E. 创设学习情境，让学生主动参与	103	48.36%

表 31—表 32 反映了被调查教师对高校本科教学实践环节中对于学生开展自主学习存在缺陷的看法及认为合适的改进举措。

认为完全让学生自主学习的主要缺陷是学生对知识了解片面的被调查教师占 69.48%；认为主要缺陷是老师较难掌握学习进度的占比 57.75%；认为学生在完全自主学习的过程中学习自控能力差，效果不理想的被调查教师占大多数，达到总体的 79.81%；最后是认为让学生完全自主学习会导致课程难以进行的教师占比最少，仅为 29.11%。

表 32 反映了被调查教师针对上述存在问题提出的最佳解决方案：主张将学生分成小组进行讨论、思考的占总体的 63.85%；选择让学生列出预习中遇到的问题，而后集中讲解的教师占比达到 52.58%；主张学生有问题时，随时指导的占 50.23%；主张在自主学习过程中，课堂的组织者教师提出具体的学习要求，在学生学习有障碍时给予指导的占 56.34%；最后认为应该创设学习情境，让学生主动参与的占 48.36%。

生态教育认为，借助学习过程中其他人（包括教师和学习伙伴）的帮助，利用必要的学习资源，通过意义建构的方式获得知识。因此生态教育就是在一定的情境即社会文化背景下，借助其他人的帮助即通过人际间的协作交流活动而实现意义建构的过程，其中，"情境""协作""交流""意义建构"是生态教育学习理论的四大要素。"情境""协作""交流"强调学习的条件和过程，而"意义建构"则是整个学习过程的最终目标。建构在于学习者通过新旧知识经验之间的反复的、双向的相互作用，来形成和重建自己的经验和知识结构。在这种建构过程中，一方面学习者对当前信息的理解需要以原有的知识经验为基础，超越外部信息本身；另一方面，对原有知识经验的运用又不只是简单地提取和套用，个体同时需要依靠对原有经验本身也做出某种调整和改造，即同化和顺应两个方面的统一。建构的意义主要指事物的性质、规律以及事物之间的内在联系。在学习过程中，建构意义就是指学生对学习内容所反应的事物的性质、规律以加深该事物与其他事物之间的内在联系达到较深刻的理解，最终形成特定的认识图式或认知结构。

教育活动是教师的教和学生的学所构成的双边活动，这是教育区别于其他许多社会活动的一个重要特点。根据生态教育理念，学生是具有丰富个性和能动性的人，在教育活动中不是被动地接受"塑造"，而是以能动主体的身份参与发展自我的过程。在这种大前提之下，如何引导学生进行确实有效的自主学习就显得尤为重要。

表 33　认为推进本科教学改革应朝哪些方向努力（可复选）

选　　项	小　计	比　例
A. 丰富教学方式	157	73.71%
B. 以学生为主体，完善课程体系	167	78.4%
C. 评价形式多样化	141	66.2%
D. 丰富课外实践形式	132	61.97%
E. 其他	15	7.04%

表 33 反映了被调查教师认为本科教学改革应该向何方向推进。认为高校需要丰富教学方式的被调查教师占比达到 73.71%；认为高校本科课堂教学实践过程中应该以学生为主体，完善课程体系的教师达到总体的 78.4%；认为应该将评价形式多样化的被调查教师占比 66.2%；主张应该丰富课外实践形式的教师占比达到 61.97%；还有 7.04% 的被调查教师主张使用其他方式来改进高校本科课堂教学。

生态教育理论强调学生原有的知识结构对学习的重要性，学生在日常的学习、生活中形成了丰富的且属于自己的经验，教师不应无视这些经验，而应当以这些经验作为知识的生长点，创设合适的学习情境，引导学生自主进行对知识的意义建构。同时，教师应激发学生的推理、分析能力，增进学生之间的合作。

在生态教育观的指导下，高校应开设不同类型、不同层次的选修课程，供学生根据自身的情况去加以选择，并围绕这些课程设置创新活动小组让学生更有效地进行协作学习，并在活动过程中学会自主、合作探究问题，提升推理、分析并解决问题的能力。高校课程设置的丰富性和多样性也更有利于学生的心理健康成长。

生态教育学习理论认为，学习不是简单的教师灌输知识的过程，而是学生自我建构知识的过程，这种对知识的主动意义建构是不能由他人代替的。学习者在学习过程中建构知识具有三个特点：

① 知识建构的主动性。当面对新的信息时，学生以原有的知识经验为基础建构起属于自己的理解。

② 学习的互动性。学习任务是通过学生在学习过程中相互讨论交流、共同分享并使用学习资源完成的。

③ 学习的情境性。知识并不是脱离活动情境而独立、抽象的存在，而是通过实际情境中的应用活动才能真正被理解，因而，教学应该与情境化的社会实践活动结合起来。

高校生态教育应要求学生以自己特有的形式进行学习。教师需要认识到学习是个体建构自己知识的过程，学习是主动的，学生在学习过程中主动发现问题，分析、搜集资料，由被动接受灌输知识的角色变为信息加工的主体。

在课堂上，学生是否能够积极地参与到课程学习当中，主要取决于导入阶段是否有趣，是否具有吸引力和具备激发学生学习欲望的功能。因此，教师在实际授课的过程中需要对导入阶段做好规划设置。以往，教师在授课的过程中通常以直接点题的方式导入所要讲授的课程内容，导致学生的注意力很难被吸引。而在生态教育背景下，教师则可以合理地设置问题，以具体的问题为载体进行课程知识的有效导入，让学生能够在问题的指引下明确具体的学习方向。同时，教师在设置问题时也可以本着发现、探索的原则与学生之间就问题的解决思路进行有效的互动。通过师生互动营造轻松、自然的生态课堂气氛，也能够让学生在问题思考以及互动的过程中实现学习思路的进一步发散。

此外生态教育对于学习的认识是使学习者主动地进行有意义的知识建构，在这里学生主动地"学"占了主要的地位，因此对于生态教育的评价应该以学生为主体，将评价融入到学习的过程中，建立多元化、多层次的评价体系，既要促进学生的学习也要促进教师自身的教学和发展，使教学相长。

正确的教学评价促进学习方式的转变，促进学生的发展；评价也可以促进教学方法的改革，促进教师的发展。

表 34　认为提高课堂教学质量的有效措施（可复选）

选　　项	小　计	比　例
A. 充分调动学生积极性，参与课堂活动	198	92.96%
B. 增加测试的次数	65	30.52%
C. 在教学中注重细节的研究	133	62.44%
D. 提高驾驭课堂的能力	134	62.91%

表 34 反映了被调查教师认为提高课堂教学质量的有效措施。认为在教学实践过程中应该充分调动学生积极性，参与课堂活动的被调查教师占绝大多数，占比达到总数的 92.96%；认为在教学实践过程中应该增加测试的次数的教师较少，仅占 30.52%；62.44% 的被调查教师表示在教学实践过程中应该在教学中注重细节的研究；认为在教学实践过程中教师应该提高驾驭课堂的能力的被调查者占比 62.91%。

由上述数据可见，大部分被调查教师在如何切实有效提高课堂教学质量的问题上都符合生态教育所倡导的科学理念。生态教育教学理念倡导用一系列科学方法来提高课堂教学质量：

（1）创设问题情景，激发学生主动思考

教师选取与学生生活经验相关的学习情境，使学生将已有的知识经验与现实的学习任务联系起来，通过启发诱导，充分调动学生的学习积极性，引导学生自主思考，让学生通过讨论、小组合作等学习方式提出解决问题的方案。这样可以培养学生搜集相关资料、自主与协作学习相结合的能力，促进学生的积极学习与思维能力的发展。

（2）在课堂中启发学生积极探索

传统教育忽视学生的主观能动性、学习主体性。生态教育强调教师不仅是去教学生学，更重要的是激发学生自己去学。教师不是只把教学内容解释清楚就足够了，而是要多激发学生进行积极探索，让学生主动参与到学习过程中，使学生成为课堂中的主体，养成参与意识，积极地去归纳、去探索。

（3）组织学习的协作性、互动性

生态教育提倡的协作学习策略是个体认知策略群体分工化的结果，高校本科教育的课堂中教师应多开展讨论与交流的活动课程，组织学生进行协作学习并对其进行引导使之向有利于意义建构的方向发展。对于学生在讨论过程中的表现，教师要适时给予适当的评价。

生态教育学习理论在很多方面对高校本科教育有启示与指导作用。在生态教育学习理论的指导下，教学设计应围绕自主学习、协作学习并结合学习环境来进行，以促进学生主动建构知识，强调学习过程中学习者的主动性、建构性、探究性、创造性，切实实现"一切为了学生，为了一切学生。"

7.3　以高校学生为调查对象

7.3.1　高校学生基本信息分析

表 35　目前的年级是

选　项	小　计	比　例
A. 大一	12	2.37%
B. 大二	129	25.49%
C. 大三	85	16.8%
D. 大四及以上	280	55.34%

表 36　性别

选　　项	小　计	比　例
A. 男	134	26.48%
B. 女	372	73.52%

表 37　你的专业类别

选　　项	小　计	比　例
A. 理科	22	4.35%
B. 工科	32	6.32%
C. 医学	8	1.58%
D. 人文艺术	50	9.88%
E. 经济管理	394	77.87%

　　表35—表37反映了高校本科学生的整体情况，包括年级、性别以及专业比例。总体来说，被调查人员的年级涵盖了本科的各个年级，其中大四及以上学生占据较大比重，达到被调查者的55%，因为大四及以上学生经历了较长时间的本科课堂学习，对本科课堂教育情况了解相较于新进入高校的学生更为深入，其次为大二年级比重达到25%，因为此年级刚经历过一年的本科课堂学习，属于本科课堂教育的新受众群体，同时又刚结束高中的传统课堂学习，能够较有效的总结出传统课堂与生态课堂的区别，所以本次调查人员结构较为合理；被调查者涵盖各个学院所属的各个专业，包括理科、工科、医科、人文艺术以及经济管理专业，其中经济管理类占据较大比重，被调查者专业跨度较大，涵盖方面较为广泛，能够较为有效地真实反映本科课堂教育情况；被调查者性别女生相较于男生占比较高，但是考虑到被调查者专业中经济管理类占据较大比重，而经济管理类专业中女生比重本身就大于男生，因此此处的差距具有合理性。作为高校本科课堂的学生必须拥有积极的自主学习能力，能够配合教师完成教学目标，

作为高校本科课堂的参与者、主体，必须在整个教学过程中自己主动地去使用自己的认知网络去接受新的知识，而不是被动的接受知识。在日常的课堂教学中融入生态教育的理念，积极配合教师引导，融入情景自主学习，完成知识结构的建构。

7.3.2　学生视角下高校生态教育现状调查分析

1. 课堂情境设置现状调查分析

表 38　教师是否会设置足够的时间为学生设计有代入感的学习情境

选　　项	小　计	比　例
A. 经常	230	45.45%
B. 偶尔	244	48.22%
C. 几乎没有	32	6.32%

表 39　教师通常会采用什么方式为学生创设情境进入学习（可复选）

选　　项	小　计	比　例
A. 视频	362	71.54%
B. 图片	341	67.39%
C. 案例	434	85.77%

表 38—表 39 反映了被调查高校本科学生对于日常所参与的课堂中与创设情境相关的一系列现实状况。

表 38 反映出了被调查学生所参与的课堂中教师是否会设置足够的时间为学生设计有代入感的学习情境。45.45% 的被调查学生表示在日常课堂学习中，老师们经常设置足够的时间为学生设计有代入感的学习情境；表示教师偶尔会设置足够的时间为学生设计有代入感的学习情境的被调查学生占比 48.22%；最后是表示在日常的课堂学习中教师几乎没有设置足够的时间为学生设计有代入感的学习情境的被调查学生占比 6.32%，此数据表明

绝大多数的教师会经常或偶尔使用情境教学法。

表 39 表明了被调查学生所参与的课堂教学过程中，教师最常使用的引导学生融入情境进行学习的方式。选择使用视频素材来为学生创设情境进入学习的课堂占据 71.54%；选择以图片形式为学生创设情境进入学习的课堂占据 67.39%；案例教学法是现代课堂中最为常见的情境教学方式，调查数据也证明确实如此，选择用案例形式为学生创设情境进入学习的课堂占据了 85.77%。

生态教育主张学习是具有情境性的。知识不是脱离相关的背景而孤立抽象的存在，它是文化情境的产物。所以，学习始终都是处在特定的情境之中，学习的过程不是传授知识的过程，而是帮助学习者在相关情境背景中去建构自己的意义。知识固着于产生学习活动的情境中，是学生进行意义建构的重要信息来源。生态教育理论指出在影响学习的环境四要素"情境、协作、会话、意义建构"中，情境是最重要的前提，处于首要位置。

学习环境中的情境必须有利于学生对所学内容的意义建构。这就对教学设计提出了新的要求，也就是说，在生态教育学习环境下，教学设计不仅要考虑教学目标达成，还要考虑有利于学生建构意义的情境的创设问题，并把情境创设看作是教学设计的最重要内容之一。

在生态课堂上，学生学习是否积极和主动，很大程度上取决于其对课程内容产生的兴趣度。因此，教师需要做的是积极改善生态课堂气氛，借助一些比较先进的教学手段对授课的情境进行优化和调整，做好课程知识的转化，并通过生动的展示让学生的思维发散拥有良好的载体支撑，同时也能够让学生在情境所支撑的和谐氛围下，产生对课程学习与深度剖析的兴趣，强化学生的学习动力。通常情况下，教师需要根据学科的内容，选择合适的情境素材，对具体的情境呈现方式进行优化设置，将教材中对学生来讲可能比较抽象的知识，通过图片、视频或者直观模型等方式进行优化，让学生通过对情境的体验产生对课程学习的热情。不仅如此，教师也可以通过引入生活案例的方式对课堂上知识的呈现形态进行创新，以此来帮助学生建立起良好的认知思维。

表 40　是否听说或了解生态教育

选　项	小　计	比　例
A. 是	136	26.88%
B. 否	163	32.21%
C. 不清楚	207	40.91%

　　表 40 反映了被调查学生对于生态教育的了解情况。26.88% 的被调查者表明自己对生态教育理论有一定的了解；32.21% 的被调查学生表示自己并未听说或了解过生态教育理论；最后还有 40.91% 的被调查者表示自己并不清楚生态教育，对之的了解在模棱两可之间。由于生态教育理论属于较为专业的教育学理论，因此非本教育学专业的学生群体很难接触到这一理论，因此对此理论的了解并不是很普及也在情理之中。

2. 课堂协作现状调查分析

表 41　对现在老师的授课方式认可吗？

选　项	小　计	比　例
A. 还可以	444	87.75%
B. 不太习惯	24	4.74%
C. 无所谓，对我来说都一样	38	7.51%

　　表 41 调查了高校本科学生对所参与课堂的授课方式的认可度。表示对现在老师的授课方式认为还可以，较为满意的占据绝大多数，达到了 87.75%；表明不太习惯现在自己所参与的课堂组织教师的授课方式的较少，仅占 4.74%；表示所参与课堂的授课方式对自己来说并无区别，无所谓的占据了 7.51%。随着教育科学理论的迅速发展，高校本科课堂的授课质量得到显著提高，授课方式愈发科学，因此绝大多数的被调查学生都对所参与课堂的授课方式较为满意，然而我们也不能忽略还存在着小部分的学生对所参与的课堂教学模式并不能很好适应，倘若学生并不能适应课堂教学

方式，那其学习效果必然大打折扣。为了切实实现"一切为了学生，为了一切学生"的理念，生态教育主张对不同的学生进行适当的随机应变，强调学生经验世界的差异性。

每个人在自己的活动和交往中形成了自己个性化的、独特性的经验，每个人有自己的兴趣和认知风格，所以，在具体问题面前，每个人都会基于自己的经验背景形成自己的理解，每个人的理解往往着眼于问题的不同侧面。在生态教育课程改革中，我们可以把此条理解为"学生是独特的人"，具体表现为：第一，学生是完整的人；第二，每个学生都有自身的独特性；第三，学生与成人之间存在着巨大的差异。

生态教育学生观告诉我们，学生不是空着脑袋走进教室的。教师要对学生的学习模式、有关的先前知识和对教材的信息状况有所了解，以引导学生对学习材料获得新意义，修正以往的概念。我们可以把此条理解为"学生是独立意义的人"，具体表现为：第一，每个学生都是独立于教师的头脑之外，不依教师的意志为转移的客观存在；第二，学生是学习的主体。第三，学生是责权的主体。

因此，教学不能无视学生的这些经验另起炉灶，而是要把学生现有的知识经验作为新知识的生长点，引导学生从原有的知识经验中"生长"出新的知识经验。教学不是知识的传递，而是知识的处理和转换。教师不简单是知识的呈现者，应该重视学生自己对各种现象的理解，倾听他们现在的想法，以此为根据，引导学生丰富或调整自己的理解。

表 42　认为小组合作讨论的效果如何

选　　项	小　计	比　　例
A. 效果不错，对问题掌握很清楚	273	53.95%
B. 效果一般，帮助不大	219	43.28%
C. 没有效果	14	2.77%

表 43　会在课堂上积极参与讨论吗?

选　项	小　计	比　例
A. 不会, 因为我害怕说错, 同学们笑话我	59	11.66%
B. 会, 可以提高我分析问题的能力	138	27.27%
C. 看情况而定	269	53.16%
D. 每次都是那几个人讨论, 没有全员参与	40	7.91%

　　表 42—表 43 课题组针对课堂讨论进行了一系列的调查, 根据调查结果显示: 认为小组合作讨论效果不错, 对问题掌握很清楚的被调查学生占据了半数以上, 达到了 53.95%; 认为小组合作讨论效果一般, 帮助不大的被调查学生占据了 43.28%; 认为小组合作讨论没有效果的仅占 2.77%。在参与课堂讨论的积极性方面, 表示会积极参与课堂讨论, 认为课堂讨论可以提高自己分析问题的能力的学生占比 27.27%; 表示因为害怕犯错, 认为犯错会被嘲笑的被调查学生占据 11.66%; 表示会看实际情况来参与课堂讨论的占据多数, 达到 53.16%; 最后指出课堂讨论每次都是固定的几位人员, 并不能做到没有全员参与的被调查学生占比 7.91%。

　　生态教育学习理论认为情境、会话、协作和意义建构是学习环境中的四大要素。前三者贯穿学习过程的始终, 互相交融最终达到教学的最终目的——意义建构。而讨论就是课堂教学实践过程中必不可少的一部分, 此部分充分发挥体现了会话以及协作的作用。

　　生态教育认为知识的建构是在学习者与学习者之间以及与他人、与社会的交往过程中实现的。"协作"是其中一种主要的方式, 它是指学习者之间通过语言而进行的相互合作, 包括对学习资料的共享, 学习成果的评价以及最终意义的建立。由于不同的人对同一客观事物的理解有所不同, 因此只有互相沟通交流, 才能碰撞出思想的火花, 从而对问题有一个更深入、更全面的理解。此外, 通过协作, 学生之间的关系也由原来的竞争关系转变为现在的合作伙伴关系, 这样有利于他们共同进步, 共同提高。协作学习的主要形式是小组合作, 合作的基础是组内异质和组间同质, 这样做的目的是保证公平性。当然，在学生协作过程中，教师同样担当着重要的指导角色。在这一过程中，教师要提出探索性的问题引发学生思考，为学生搭建互助平台，给予学生必要的指导，培养学生自己发现问题、解决问题的能力等。

"会话"是"协作"过程中的重要环节，同时"协作"也是"会话"和"讨论"的过程。生态教育主张学习者之间需要通过会话来商讨，从而完成规定的学习任务。在"会话"中，还有一种对话是老师与学生之间的对话，即课堂互动。课堂互动的目的，一是为了在学生接受新知识之前，教师可以通过课堂互动创设真实的情境、组织相应的交流活动来激发他们原有的经验和知识结构，从而帮助学生实现知识的内化；二是为了在学生互相协作的过程中，教师可以通过课堂互动来指导他们的合作过程；三是为了在学生意义建构的过程中，教师给予适当的评价从而培养学习者自己解决问题的能力。当然在外语学习中，无论是学习者之间还是教师与学生之间的交流若能用目的语进行，则会为语言学习奠定更坚实的基础。

表 44　你如何评价你的课堂效率

选　项	小　计	比　例
A. 课堂效率很高	152	30.04%
B. 一般	336	66.4%
C. 效率比较低下	18	3.56%

表 44 反映了被调查学生对自己参与课堂学习过程中，学习效率的评价。仅有 30.04% 的被调查学生表示自己的课堂效率很高；大多数被调查学生表示自己的课堂效率一般，占比达到 66.4%；还有极小部分的被调查学生表示自己的学习效率比较低下，仅占 3.56%。

课堂教学作为我国高等教育教学中的一个重要环节，对于大学生知识的获得、兴趣的培养、价值观的形成、道德品格的塑造都有着至关重要的影响。然而现阶段我国高等院校本科学生普遍存在着课堂效率一般的状况。

高度重视并认真分析这些现象存在的原因，采取有效策略加以解决，对提高大学教学质量具有重要意义。

本书认为造成此现象的原因主要有以下三条：

（1）课堂教学无趣，需增加课堂教学的生动性

兴趣是学生最好的导师，兴趣作为一种非智力因素，一种内驱力，能够从学生内心激发出他们想要学习、想要获取知识的渴望。它对学生的自主学习具有非常重要的影响。假如学生对于所学知识没有兴趣，就很难调动起他们学习的积极性和主动性，在课堂教学中，教师应该着重提高课程的生动性、趣味性、丰富性、表现性、参与性，使学生能够感受到学习是一件快乐的事情，从而自觉自愿地参加课堂活动。

基于此，教师应注重学生学习效果的转化，在了解学生的基础知识背景后科学地组织课程内容，保证学生可以在原有知识基础上建构新的知识，使新知识和原有认知结构中的某些知识建立联系，最终形成新的认知。学生获取新知识的道路必然是一个发现问题、分析问题并解决问题的过程，为此在课堂上，教师应正确设计并选择好"先行组织者"，让它在学生原有知识和新知识之间建立起联系的桥梁，开启学生的发散性思维，积极引导学生运用充分的思考获得知识，变"机械学习"为"有意义学习"。有意义学习在使学生获得真知的同时，对于培养学生的创新思维能力也具有深远影响，它能改变学生被动学习的情境，使学生能够全身心投入到学习当中，激发出学生发自内心学习的渴望，由被动变主动，完成学习效果的成功转化。再次，要主动了解学生已有知识与真实需求，并努力满足学生已有的学习需求。教师应重视与学生的沟通，及时了解到学生内心的想法和需求，其主要途径有：根据学生在课堂中回答问题的情况、流露出的情绪、听课的表情以及提交作业的质量等方式了解学生的想法和需求。教师在确定教学目标时要以学生的内在真实需求为导向。关于需求教师还应该明白，我们所面对的学生每个人的需求都不一样，有的想获得教师的关心和尊重，有的想得到教师的表扬和认同，有的希望能够成功和成才等等。要科学、客观地制定教学目标和进行教材改革，针对不同的学生采取相应的教学方

法，合适的教学方法是满足学生学习需求的必要措施，同时也是提高课堂教学质量的重要保障。

（2）有的课程设置缺乏针对性，需依据学生具体需求创新课程

课程内容缺乏针对性主要表现在两个方面：一是专业调整不及时，就业压力大以及艰辛的就业状况对学生的学习造成了沉重的打击，让他们失去了继续学习的信心和动力；二是课程内容与教学方法脱离学生的年龄特点，满足不了学生们丰富多彩的兴趣需要，激发不起学生的学习热情。

某些课程设置缺乏针对性，课程内容过于陈旧落后、任课教师的教学方法古板等情况，已经远远不符合社会和学生的需求。

近观美国本科院校的课程设置模式我们了解到，"美国大学本科院校课程设置的模式主要有四种：自由选修型、分布必修型、名著课程型和核心课程型。这几种课程模式设置的共同点为：重视通识教育、注重课程设置的多样性和灵活性、强调课程设置的国际化。学校由单纯的知识型人才培养逐渐转变到综合能力型和全面素质型的发展，课程内容更加人文性、开放性和现实性，课程体系更加注重平衡性"。这些正是生态教育需要达成的目标。

（3）课堂评价不给力，需创建全新的评价制度

目前我国大部分高校对学生的考核评审制度是以笔试为主，平时上课点名占30%，期末笔试成绩占70%，且这30%的考核也形同虚设，一考定成绩。课堂评价不给力，考核体制比较单一，考核内容也仅仅限于书本中的显性知识，这就导致了许多大学生只要背一背就能通过考试的想法更加根深蒂固。学生与考试之间就变成了很直线式的"背书—应考"关系。

高校应切实研究提高学生评教的有效性，学生评教对促进教师树立教学质量意识、形成良性竞争氛围、优化教学过程、提高教学质量有着积极的推动作用。学生评教并不仅仅是一个价值判断问题，也不仅仅是一个分数高低问题，更不是意味着分高即能力强的问题，重要的是要通过学生评教后，能够发现教师工作的不足以及相应的学校管理问题，以便及时改进教师和学校的工作、帮助教师提高教学水平并且完善学校管理工作，从而提高教学质量。

表 45　你认为能促使你综合成绩提升，最关键的是什么

选　项	小　计	比　例
A. 需要老师特别的帮助	141	27.87%
B. 需要很多的时间来独立思考问题	289	57.11%
C. 需要和同学有讨论的时间	76	15.02%

表 45 反映了被调查学生认为能促使自己综合成绩提升，最关键的因素。27.87% 的被调查学生表示自己需要老师特别的帮助；大多数的被调查者选择了选项"需要很多的时间来独立思考问题"，占比达到了 57.11%；还有一部分的被调查者表示需要和同学有讨论的时间，这部分学生占比达到 15.02%。

针对这些因素，生态教育主张在教学活动中，要以学习者为中心，从学习者个体出发，以人为本，真正把学习者主体能动性的发挥放在教学活动与学习活动的首位。这种观点是对传统教学个体发展观的突破与超越。传统学习方式把学习建立在人的客体性、受动性、依赖性的一面上，人的主体性、能动性、独立性受到抑制。而生态教育彻底转变了这种被动的学习状态，把学习变成人的主体性、能动性、独立性以及不断生成、张扬、发展、提升的过程，这是学习观的根本变革。从人出发，以人为本，就是针对每个人的教育，就是以人为本的教育，就是注重学生的个体差异的教育。在教学中承认差异、尊重差异、研究差异，从每个学生的角度去思考引导学生学习。

表 46　你觉得在当前教学中，是否注重培养了你的合作学习意识和能力

选　项	小　计	比　例
A. 十分注重	216	42.69%
B. 一般	265	52.37%
C. 不明显	25	4.94%

表 46 反映了被调查学生们对当前教育模式是否注重培养合作意识以及能力的评价。42.69% 的学生表示自己在日常的学习过程中，课堂教学十分注重学生合作学习意识和能力的培养；52.37% 的被调查学生表示自己所参与的课堂对这方面的注重度较为一般；还有一小部分的学生表示自己所参与的课堂并不十分注重学生这方面素质能力的培养，占据总体的 4.94%。

生态教育认为知识的建构是在学习者与外界的交往互动过程中实现的。"协作"是其中一种主要的方式。由于不同的人对同一客观事物的理解有所不同，因此互相沟通交流，更有利于对问题有一个更深入、更全面的理解。此外，通过协作，学生之间的关系也得到了转变，这样有利于他们共同进步，共同提高。

3. **课堂会话现状调查分析**

表 47　下述教学方式，你更喜欢哪一个

选　项	小　计	比　例
A. 老师全程灌输式教学	104	20.55%
B. 自学	48	9.49%
C. 小组协作讨论学习	65	12.85%
D. 老师引导，自己探究式学习	289	57.11%

表 47 反映了被调查高校学生更喜欢何种教学方式。20.55% 的被调查者表示更偏爱老师全程灌输式教学；选择完全自学的仅占所有被调查者的 9.49%；12.85% 的被调查者选择小组协作讨论学习；最后还有半数以上的被调查者选择了在老师引导之下，自己探究式学习，占比达到了 57.11%。后两项选项正是生态教育所倡导的教学方式，由此可见生态教育在学生群体之中受到了较高的认可度。选项一所代表的是传统教学观念所常见的教学方式，存在着一系列的弊端，忽视了学生在学习过程中的主观能动性；而生态教育则针对传统教学所存在的一系列弊端做出了相应的改进。生态教育认为，教学不再是传递客观而确定的现成知识，而是激活学生原有的相

关知识经验，促进知识经验的"生长"，促进学生的知识建构活动，以实现知识经验的重新组织、转换和改造。而为了达成教学目标，就需要在教学过程中教师起引导作用，鼓励学生自主学习，以学生为中心，鼓励其协作会话，完成知识的建构。

表 48　在本科学习阶段，你与老师的互动多吗？

选　　项	小　　计	比　　例
A. 总是	42	8.3%
B. 经常	136	26.88%
C. 很少	320	63.24%
D. 从不	8	1.58%

表 49　在课堂上，你愿意配合老师互动的原因有哪些（可复选）

选　　项	小　　计	比　　例
A. 互动内容自己感兴趣	427	84.39%
B. 老师的课堂互动氛围活跃	392	77.47%
C. 互动内容对自己有益	313	61.86%
D. 互动内容联系实际生活	276	54.55%

表 50　在上课过程中，以下哪个环节老师与你们互动最多

选　　项	小　　计	比　　例
A. 老师讲解理论知识	166	32.81%
B. 学生回答问题并提出质疑	188	37.15%
C. 小组合作练习环节	115	22.73%
D. 课后总结评价环节	37	7.31%

表 48—表 50 针对教学环节之中的互动环节做出了一系列的调查。

表 48 的调查结果显示，总是参与课堂活动的被调查者仅占据 8.3%；

经常参加课堂互动的被调查者占比达到 26.88%；绝大多数的被调查学生都表示很少参与课堂互动，占比达到 63.24%；还有 1.58% 的被调查者表示自己从不参与课堂互动。

表 49 针对被调查者在课堂上，主观上愿意配合老师互动的原因做出了调查。选项 A、B 的被选择率较高，分别达到 84.39% 以及 77.47%，对应内容为"互动内容自己感兴趣"以及"老师的课堂互动氛围活跃"；61.86% 的被调查者表示自己愿意参加课堂互动的原因是互动内容对自己有益；最后还有 54.55% 的被调查同学表示互动内容联系实际生活是自己愿意参与课堂讨论的原因。

表 50 反映了在高校本科课堂教学实践过程中具体哪一教学环节师生之间的互动频率较高。在老师讲解理论知识中互动频率较高的被调查者占比达到 32.81%；37.15% 的被调查学生表示在问答环节回答问题并提出质疑的互动频率最高；认为小组合作练习环节互动频率最高的被调查学生占 22.73%；最后是选择课后总结评价环节的被调查者占 7.31%。

在课堂教学领域，互动参与度是一个重要的名词，同时也是考核课堂授课质量的关键性参数因子。然而，根据调查数据显示，在当前的授课活动中，学生课堂参与实际表现并不理想，可以说与当前素质背景下所提出的基本要求之间存在着一定的距离，在参与能力建设上仍然存在着明显的差距。在课堂上，学生对课程内容兴趣度不高，在活动进行期间表现出比较明显的厌学情绪，再加上基础薄弱、思想局限等方面因素影响，学生所具有的参与能力整体来讲比较低下，这在很大程度上限制了学生的学习能力建设。造成上述不良现象的根本原因在于，教师在授课思想和方法体系建设方面，所做的举措与规范标准之间存在着一定偏差。应试思想理念导致学生的自主学习思维意识建设受到明显的局限，灌输法的应用给学生的自主探究空间造成明显的桎梏。面对上述问题，生态教学理念针对传统教学模式的一系列弊端做出了科学性、针对性的改进，本着提高参与度的初衷对授课环境以及学生参与课堂活动的具体表现形式进行创新，从而为学生自主参与提供便利的条件，以保证学生在整个课程学习过程中的时效性。

在生态课堂上，转变学生学习意识，提高整体参与度的有效方法是要想办法对课堂的教学形态进行调整。不再延续以往的灌输教学模式，而是要将课堂真正地交给学生，引导学生在开放并且充满自由的课堂环境下进行探讨、交流和互动，为学生提供充分自主参与学习的空间和载体，同时也能够让学生在合作氛围的支撑下形成良好的互助意识，以此来强化学生的品格塑造，也能够增强学生之间的整体凝聚力，实现优秀班风与学风的规范建设。

依前所述，在生态课堂上，学生的参与度表现，是决定生态课堂进度以及整体授课质量的重要因素。高校本科课堂需要积极更新思想，深入贯彻激励原则，积极构建高效生态课堂，通过问题导入、情境创设、合作讨论等多种方式让学生感受到学习的快乐，并在兴趣的支撑下以更加饱满的热情去对待具体的学习活动，全面提高学生的探索欲望，同时也能够让学生在全面参与以及自主探究的过程中，实现对课程知识的有效内化，全面提高学生在学科领域的造诣和学习素养。

表 51　当你无法回答老师对你所提出的问题时，老师经常采取的做法是

选　　项	小　计	比　例
A. 请你坐下，等你思考好了再回答	73	14.43%
B. 让你说出已有思考，并从中了解你的思路，帮助找出思维中的障碍	297	58.7%
C. 让别的学生继续回答	134	26.47%
D. 其他	2	0.4%

表 52　老师在课堂上提出问题，让同学思考回答时，老师常常

选　　项	小　计	比　例
A. 帮助学生阐明问题的本质，让学生根据自己已掌握的知识解释问题	352	69.57%
B. 抛出问题，等待学生举手回答	133	26.28%
C. 直接说出答案，并对答案做出解释	21	4.15%

表 51—表 52 针对课堂教学实践中的问答环节做出了调查。

根据表 51 调查数据显示，在学生回答问题存在困难之时，14.43% 的教师会让学生继续思考；58.7% 的教师会让学生说出已有思考，并从中了解学生的思路，帮助找出思维中的障碍，引导学生完成学习；26.47% 的教师选择让别的学生继续回答，提高课堂参与的学生范围；最后还有 0.4% 的教师会用其他方式来应对。

表 52 对教师在课堂问答环节引导学生进行思考的具体举措进行了调查。帮助学生阐明问题的本质，让学生根据自己已掌握的知识解释问题的教师占比达到 69.57%；抛出问题，等待学生举手回答的教师占比达到 26.28%；最后仅有 4.15% 的教师会直接说出答案，并对答案做出解释。

根据如上所示调查数据，被调查的高校本科学生参与的课堂实践中，绝大多数教师都较为注重培养学生的自主思考意识，引导学生完成知识的建构，而不是灌输式的对问题做出简单的解答。

4. 课堂意义建构现状调查分析

表 53　在学习过程中，你愿意自主地去思考问题和探索知识吗？

选　项	小　计	比　例
A. 非常愿意	235	46.44%
B. 一般	266	52.57%
C. 不愿意	5	0.99%

表 54　你认为主观能动性对高校学生是否重要

选　项	小　计	比　例
A. 很重要	342	67.59%
B. 比较重要	154	30.43%
C. 不太重要	4	0.79%
D. 不重要	6	1.19%
本题有效填写人次	506	

表 53—表 54，针对被调查学生在教学实践过程中的学习自主性做出了一系列的调查。

表 53 调查结果显示，46.44% 的被调查学生在学习过程中非常愿意自主地思考问题和探索知识；52.57% 的学生表示自己一般愿意自主地进行学习；最后仅有 0.99% 的学生表示自己不愿意进行自主学习。

表 54 针对被调查学生对于在学习过程中主观能动性的评价做出了调查，调查结果显示，67.59% 的被调查学生认为主观能动性对于高校学生非常重要；30.43% 的学生认为主观能动性对于高校学生的学习比较重要；最后仅有 2% 不到的学生表示主观能动性对于高校学生的学习不太重要或者不重要。

以学生为中心的"自主学习"的研究成果非常多，调查表明，教师更多地起着管理课堂教学、引导学生合理利用资源的作用，而在帮助学生自我管理学习过程方面起的作用还不够大。为了培养学生的自主学习能力，教师应该引导学生监控和管理自己的学习，教给他们自主学习的策略，让学生对自己的学习负责。现有理论认为，在强调因材施教、个性化指导等原则的教育环境中，只有在了解清楚大学生自主学习的现状基础上才能更好地进行更有针对性的指导。自主学习绝不是一种完全脱离教师的学习，与此相反，教师在帮助学习者实现自主学习的过程中起着关键作用。教师要由知识传授者转变为建构意义的帮助者、指导者，要教会学生如何学习。教师具有广泛的角色和多重责任，教学只是教师很小的一块功能，他不仅要参与管理、经营、开发课程，同时也应是学习者的顾问、信息的来源，而且还应对学习者做出评估。教师还应在学习者向自主学习转变的过程中，对学生所采取的方式、方法、策略、成果等及时做出反馈。以此来做到生态教育所倡导的以学生为中心，鼓励学生在学习实践过程中，自主完成知识建构。

表 55 你认为以下哪项和贵校的生态教学模式相符合

选 项	小 计	比 例
A. 就某一课题结成小组，在大量调查研究的基础上与教师自由地进行学术探讨，从而达到教学和科研的双重目的	260	51.39%
B. 教学模式中的小组讨论仅为形式，学生并未在其中获得较多收获	110	21.74%
C. 课堂教学形式单一，仅为老师在课堂上讲解知识	45	8.89%
D. 教学与小组讨论相结合	91	17.98%

表 55 反映了对于被调查对象所在高校生态课堂实践中教学模式的调查结果。根据调查数据显示：51.39% 的被调查高校课堂教学模式是"就某一课题结成小组，在大量调查研究的基础上与教师自由地进行学术探讨，从而达到教学和科研的双重目的"；21.74% 的被调查学生指出在教学模式中的小组讨论仅为形式，学生并未在其中获得较多收获；8.89% 的被调查者表示所在高校课堂教学形式单一，仅为老师在课堂上讲解知识；最后还有 17.98% 的被调查者指出自己所在高校课堂能真正做到教学与小组讨论相结合。

选项 A 以及选项 D 是生态教学理论下较为理想的教学模式，能够真正做到以学生为课堂实践环节中的主体，让其充分发挥主观能动性，在这种模式中，学生是知识意义的主动建构者；教师是教学过程的组织者、指导者、意义建构的帮助者、促进者；教材所提供的知识不再是教师传授的内容，而是学生主动建构意义的对象；多媒体也不再是帮助教师传授知识的手段、方法，而是用来创设情境、进行协作学习和会话交流，即作为学生主动学习、协作式探索的认知工具。在此过程中，在学生现有的知识结构之上完成意义建构。

表 56 你喜欢以下哪种教学方式

选 项	小 计	比 例
A. 教师为主体	93	18.38%
B. 完全自学	17	3.36%
C. 教师主导与学生主体相结合	395	78.06%
D. 其他	1	0.2%

表 56 反映了对被调查学生更倾向哪种教学方式的调查结果，根据调查结果显示：18.38% 的被调查学生更倾向于传统的以教师为主体的教学方式；仅仅有 3.36% 的被调查学生表示希望完全自学；绝大多数被调查者表示更倾向于教师主导与学生主体相结合的教学方式，占比达到总体的 78.06%；最后还有 0.2% 的被调查学生表示喜欢其他的教学方式。

生态教育强调以学生为中心，视学生为认知的主体，是知识意义的主动建构者，教师只对学生的意义建构起帮助和促进作用。生态教育的教学方法多种多样，其共性则是在教学环节中都包含有情境创设和协作学习，并在此基础上由学习者自身最终实现对所学知识的意义建构。

表 57　你认为以下哪种情况与你现在的学习方式相符合

选　项	小　计	比　例
A. 照着老师上课讲解的重点知识学习	243	48.02%
B. 用已有的知识和经验去内化理解新知识	176	34.78%
C. 根据考试要求或大纲，进行自主课本学习	86	17%
D. 其他	1	0.2%

表 57 反映了被调查学生目前所采用的学习方式。48.02% 的被调查学生还是较为适应传统的教学方式，即照着老师上课讲解的重点知识学习；34.78% 的被调查学生是用已有的知识和经验去内化理解新知识，更符合生态教育所提倡的学习观；还有 17% 的被调查学生是根据考试要求或大纲，进行自主课本学习，这种学习方式可能仅仅是为了应付考试，取得一个较为不错的成绩，可是对于学生综合素质的提高以及知识意义的建构并无益处；最后还有 0.2% 的被调查学生采用了其他的学习方式。

生态教育主张，世界是客观存在的，但是对于世界的理解和赋予意义却是由每个人自己决定的。我们是以自己的经验为基础来建构现实，或者至少说是在解释现实，每个人的经验世界是用我们自己的头脑创建的，由于我们的经验以及对经验的信念不同，于是我们对外部世界的理解便也迥异。所以，学习不是由教师把知识简单地传递给学生，而是由学生自己建构知识的过程。学生不是简单被动地接收信息，而是主动地建构知识的意义，这种建构是无法由他人来代替的。

学习过程同时包含两方面的建构：一方面是对新信息的意义建构，同时又包含对原有经验的改造和重组。这与皮亚杰关于通过同化与顺应而实现的双向建构的过程是一致的。生态教育强调学习者在学习过程中并不是发展起新提取出来以指导活动的图式或命题网络，相反，他们形成的对概念的理解是丰富的有着经验背景的，从而在面临新的情境时，能够灵活地建构起用于指导活动的图式。

任何学科的学习和理解都不像在白纸上画画，学习总要涉及学习者原有的认知结构，学习者总是以其自身的经验，包括正规学习前的非正规学习和科学概念学习前的日常概念，来理解和建构新的知识和信息，即学习不是被动接收信息刺激，而是主动地建构意义，是据自己的经验建构。对外部信息进行主动的选择加工和处理，从而获得自己的意义。外部信息本身没有什么意义，意义是学习者通过新的知识经验间的反复的、双向的相互作用过程而建构成的。因此，学习不是像行为主义所描述的"刺激—反应"那样，学习意义的获得，是每个学习者以自己原有的知识经验为基础，对新信息重新认识和编码，建构自己的理解。在这一过程中，学习者原有的知识经验因为新知识经验的进入而发生调整和改变。所以，生态教育关注如何以原有的经验、心理结构和信念为基础来建构知识。

5. 有关生态教育其他因素调查分析

表58 教师在课后通常使用什么方式来评价学习成果

选 项	小 计	比 例
A. 个人汇报	57	11.26%
B. 小组团队汇报	212	41.9%
C. 测试试卷	237	46.84%

表 59　本科课程的主要考核方式是

选　　项	小　计	比　例
A. 小测验和考试	174	34.39%
B. 考核评价贯穿在教学活动中，对学生的学习效果进行考核	166	32.8%
C. 测验考试和教学过程评价相结合	165	32.61%
D. 其他	1	0.2%

　　表 58 针对现行的学习成果评价模式做出了调查。以个人汇报形式考察的占比达到 11.26%；以小组团队汇报来完成考核的占比明显升高，达到 41.9%；最后是传统的测试试卷形式，占比仍为最高，达到 46.84%。

　　表 59 针对现行的学习成果考核模式做出了调查。34.39% 的被调查学生表示自己最常见的考核方式就是小测验和考试；32.8% 的被调查者表示自己在日常的课堂学习之中考核评价贯穿在教学活动中，对学生的学习效果进行考核；32.61% 的被调查学生表示自己最常遇到的课程考核方式是测验考试和教学过程评价相结合；最后还有 0.2% 的被调查者表示自己会遇到其他的考核方式。

　　传统的课堂教学评价方式单一，评价标准以传授知识和技能为基本教学目标，评价功能只定位在检查学生对知识的记忆、理解和应用上，而忽视对学生自主、合作、探究能力的评价，容易造成唯分数论，考核是评价体系的主要因素；而生态教育针对传统教学模式教学评价方式的弊端做出了改进。

　　生态教育指导下的教学评价首先是以学为主，提倡以学习者为中心，强调学习者的认知主体作用，所以教学评价的对象必然转向评价学习者的学习。如：学生的学习动机、学习兴趣、学习能力等。而教师的评价标准则围绕学习者制定，评价的出发点变为是否有利于学生学习，是否创立了有利于学习的环境及能否引导学生自主学习等。其次教学评价标准应该以学习者为中心，评价标准转向学生自主学习的能力。这是由信息社会终身学习的理念所决定的。教师已经成为意义建构的帮助者、促进者，学习者的伙伴。评价的标准也相应转变成了教师是否为学习者创设一个有利于意义建构的情境来引导学生加深对基本理论和概念的理解等。再次在评价方法方面，以学生为主的教学模式中，学习者自主决定学习方法、内容和进度。因此评价方法也多以个人的自我评价为主，评价内容是自主学习的能力、协作学习的精神等。个人自我评价的优越性在于，学习者可以不顾及评价结果造成的不利影响，因此评价会更客观确切地反映学习者的实际情况。最后在生态教育教学模式下，评价的标准除了学习能力还包括学习动机、兴趣等非智力因素，因此，体现学生情况的数据，多用自然语言加以描述，其中大量的陈述语句存在模糊性，对评价标准的描述也具有模糊性，如学习能力很强，学习兴趣浓厚，学习动机差，不能很好地与他人协作等。这些评价是明白的、具体的，但具有模糊性。而对于评价标准的语言描述也要求用定量评价方法，做法是将模糊性语言描述加以数量化由定性描述转为定量描述。

生态教育考核应体现以下几个特点：①体现学生是考核的主人，因而重视提高学生素质。生态教育考核重点转向了学习能力、学习动机、学习兴趣等。考核强调以学习者为中心，考核学习者的首创精神和在不同情境下应用所学知识（将知识"外化"）的能力，以及学习者根据自身行动的反馈信息对客观事物的认识和解决实际问题的能力等；②考核要重实践能力、培养创新精神。在信息社会的今天，主要是考核学习者的信息素质和创新能力。使学生通过考核，把课堂学到的基本知识和技能综合起来，用于解决实际问题，提高学生获取信息、管理信息、传递信息、展示信息和加工、处理信息的能力，从方法上让考核真正成为一个促进学习和提高综合素质的过程。考核过程提高的将是终身受益的"能力"。

表60 你认为课堂师生关系应该是

选 项	小 计	比 例
A. 教师是课堂的中心，教师讲，学生听	142	28.06%
B. 学生是课堂的中心，学生积极参与，教师根据学生的反应随时调整教学	360	71.15%
C. 其他	4	0.79%

表 61 你认为应该以教师为主体进行授课的原因（可复选）

选 项	小 计	比 例
A. 教师是传授知识的主体	455	89.92%
B. 教师具有课堂的权威	320	63.24%
C. 教师决定课堂的效果	289	57.11%
D. 其他	11	2.17%

表 62 你认为应该以学生为主体进行授课的原因（可复选）

选 项	小 计	比 例
A. 学生是接受知识的主体	404	79.84%
B. 学生在课堂承担反馈者的角色	384	75.89%
C. 使学生注意力更集中，最大限度调动学生的积极性	384	75.89%
D. 其他	8	1.58%

表 60—表 62 对课堂教学实践过程中的师生关系做出了调查。

根据表 60 所示数据可见，28.06% 的被调查学生更认可教师是课堂中心，由教师来演讲，学生听讲的课堂师生关系；71.15% 的被调查的学生认为学生是课堂中心，学生积极参与课堂，教师根据学生的反应来随时调整教学。

表 61 及表 62 对表 60 中的选项做出了更进一步以及深入的调查。

根据表 61 所示数据，被调查学生之所以认可在课堂教学实践环节中以教师为主体进行授课：89.92% 认为教师是传授知识的主体；63.24% 的学生表示教师具有课堂的权威；59.11% 的被调查学生表示教师决定了课堂的效果。

根据表 62 所示数据，在被调查学生中认可应该以学生为主体，在课堂实践环节中进行授课的被调查学生中，79.84% 的学生认为学生才是接受知识的主体，所以应该以学生为主体进行授课；75.89% 的学生认为应该以学生为主体进行授课的原因是学生在课堂承担了反馈者的角色；75.89%的学生认为以学生为主体授课，可以使学生的注意力更加集中，最大限度地调动学生的积极性以及好奇心。

对于更认可以教师为主体进行授课的被调查者，在课堂实践教学环节中，虽说教师负责传授知识，可是课堂教学的真正目的是教授学生获得知识；同时以学生为主体进行授课，也并不会对教师的课堂权威造成影响，与之相反，以学生为主体进行授课，教师在其中起到引导以及组织作用，反而会更进一步强化教师在课堂中的权威；最后决定课堂效果的决定性因素也并不是教师，而是学生，若是单纯的以教师为主体进行授课，而忽略了学生的学习主动性，不能引起其思考以及学习兴趣，那么课堂效果可想而知，并不会取得理想的成绩。

生态教育提倡在教师指导下、以学习者为中心的学习，也就是说，既强调学习者的认知主体作用，又不忽视教师的指导作用，教师是意义建构的帮助者、促进者，而不是知识的传授者与灌输者。最终在教师的引导以及促进下，学习者在自主思考以及学习过程中完成知识意义的建构。

表63　你认为高校本科课堂教育存在哪些问题（可复选）

选　项	小　计	比　例
A. 照本宣科，老师都是读课本读PPT	313	61.86%
B. 课堂互动少	256	50.59%
C. 实践性环节少	310	61.26%
D. 答疑环节少，不懂的没地方问	176	34.78%
E. 课堂气氛不活跃	310	61.26%
F. 其他	20	3.95%

表63反映出了被调查学生认为当前高校本科课堂教育存在的问题。61.86%的被调查者表示在课堂教学环节中都是照本宣科，老师都是读课本读PPT，并没有根据课堂实际情况做出及时的调整；50.59%的被调查者表

示课堂互动少，学生的课堂参与度较低；61.26% 的被调查者指出课堂教学环节中实践性环节少，难以对所学抽象知识进行具体的实践；34.78% 的被调查者表示课堂答疑环节少，不懂的没地方问，难以及时对疑难问题做出解决，往往造成疑点难点的积压，最后导致学习积极性的挫败；61.26% 的被调查者表示课堂气氛不活跃，难以吸引学生的兴趣，真正积极投入课堂。

　　由上述数据可见，高校本科学生指出的课堂现存问题基本与上述教师视角下高校本科课堂应做的改进相呼应，教师能够了解现行课堂教学模式之下存在的缺陷以及不足，并指出了具体切实的改进措施。

　　教育活动是教师的教和学生的学所构成的双边活动，这是教育区别于其他许多社会活动的一个重要特点。根据生态教育理念，学生是具有丰富个性和能动性的人，在教育活动中不是被动地接受"塑造"，而是以能动主体的身份参与发展自我的过程。在这种大前提之下，如何引导学生进行着实有效的自主学习就显得尤为重要，生态教育理论体系构建无疑为其提供了科学有效的理论指导。

第 8 章 传统教育与生态教育比较研究

通过对生态教育理论体系的系统梳理和深入探讨，可以清楚地看出，传统工业文明教育与生态教育存在明显的差异，主要体现在以下几个方面：

8.1 认识论差异

8.1.1 传统教育认识论

传统工业文明教育的认识论是机械唯物主义认识论或机械反映论[①]，也有人称之为表征主义[②]。其主要观点为，世界的本源是物质，世间万事万物包括人自身都是由物质构成的，是独立于人的意识而客观存在，不以人的意志为转移的。其运动、发展和变化（包括人的感觉、思维等意识活动）也都依赖于物质，都是按照自然的机械法则进行的[③]。人对外部世界的认识主要源于外部世界对人的感官（眼、耳、鼻、皮肤等）的刺激，使人的感官产生各种不同的感觉，这些感觉通过神经输送到人的大脑，汇总起来就产生了人对外部世界的认识（知识）。在表征主义者看来，所谓认识就是客观见之于主观的活动。

客观地说，表征主义确实在某种程度上揭示了人的认识（知识）是如何产生的，然而，其对认识（知识）的产生的认识具有很大的片面性，它

[①]　于成俊. 近代认识论的螺旋式发展 [J]. 淮北煤师院学报（社会科学版），1998（4）：32-35.
[②]　张良. 从表征主义到生成主义 [J]. 中国教育科学，2019，2（1）：110-120.
[③]　同①.

只揭示了认识的客体——外部世界在人认识过程的重要作用，"以致如传统经验主义所假定的那样，主体是受教于在他以外之物的"①，完全或者说严重忽视了主体在认识过程中所起的作用。

表征主义所谓的认识，诚如亚里士多德的"蜡块说"所认为的，认识起源于感觉，而感觉就是外在事物在像蜡块一样的灵魂上留下的痕迹②；也类似于镜子或照相机对于外在事物的反映，学界亦将其称为镜式反应③。因此，表征主义其实是将人对自然界的认识等同于普通动物甚至是外在物体对于自然界作用其上的消极、被动、本能或顺应性的反映。

8.1.2　生态教育认识论

生态教育认识论主要是以康德的认识论、马克思主义实践认识论、皮亚杰的发生认识论、维果茨基的社会认识论和库恩的科学革命的结构等为理论基础所形成的建构、生成主义认识论。

建构、生成主义认识论一方面看到了外部世界、客观事物和感性认识在人们认识客观事物过程中所起的重要作用；另一方面更深刻地认识到作为认识主体的人在认识世界过程中所起的决定性作用。生态教育认识论的观点主要体现在以下几方面：

其一，人的认识是由认知主体经过活动（实践）与客体（客观世界）发生相互互动而形成的。在这一过程，认知主体原有的知识、经验、感受（认知的前结构）起到了决定性的作用，如果没有这样的认知的前结构，或者这样的认知前结构在认知过程没有被充分调动起来，发挥其应有的作用，认知主体是无法认识客观世界的。此外，实践在认识过程中也起到了至关重要的作用，正是因为有了实践，才能够将认知主体和认知客体结合起来，才能使之相互作用，使主体深刻认识客体，认识客观世界。不仅如此，实

---

① 皮亚杰.发生认识论原理［M］.王宪钿，等译，胡世襄，等校.北京：商务印书馆，1981：21.

② 任友群.建构主义学习理论的认识论基础［C］，高文，徐斌艳，吴刚，主编，建构主义教育研究［M］.北京：教育科学出版社，2008：15.

③ 张良.从表征主义到生成主义［J］.中国教育科学，2019，2（1）：110–120.

践既是认识的方法和手段，同时，也是检验认识是否正确唯一的试金石，所以，人们常说："实践是检验真理的唯一标准。"此外，实践还是认识的目的。人们认识客观事物，认识世界不是为认识而认识，不是为了单纯获取知识。认识的目的就是为了改造世界，同时，也是为了改造人自身，改造人的主观世界。

其二，生态教育认识论不仅揭示了人的认识的前结构是如何形成的，并且认为认识既不是在主体内部结构中预先决定了的，也不是在客体预先存在着的特性中预先准备好的，客体是通过人自身内部结构的中介作用才被认识的。认识是不断建构的产物，建构构成结构，结构对认识起着中介作用；结构不断地建构，从比较简单的结构到更为复杂的结构，人的认知能力也随之得到不断的提高。

其三，生态教育认识论主张，人类包括认知结构在内的人的高级心理机能不仅是自然进化的产物，更是社会发展的产物。人的认知发展是在社会环境中通过与他人的互动和合作实现的。"活动"和"社会交往"在人的高级心理机能发展中具有不可或缺的重要作用，人的高级心理机能是在人际交往的过程中发生和发展起来的，是由工具与符号中介的。人类通过各种符号赋予客体和世界以意义并以此来认识和把握世界。生态教育认识论还特别强调"语言"在认知发展过程中的重要性，认为语言是个体思维和社会互动的重要媒介，是意识和思维的重要工具，概念、知识和逻辑都是由这个工具来架构和表征的。人所特有的被中介的心理机能不是自发产生的，而是源于人们的协同活动和人际交往，即维果茨基所言"思维发展的真正方向不是从个人思维向社会思维发展，而是从社会思维向个人思维发展"。[①] 人所形成的新的心理结构，最初是在人的外部活动中形成，然后才有可能转移至内部，内化为人的内部心理结构。

生态教育认识论深刻揭示了语言、符号等社会文化作为认识中介的重要价值，以及个体发展的社会性本质；揭示了建构主义社会性和互动性的本质。

---

① 维果茨基.思维与语言［M］.杭州：浙江教育出版社，1997：21.

其四，关于知识的真理性，生态教育认识论借鉴、吸收了库恩的看法，并不认同存在一种完全客观、真实的对自然界的陈述，并认为新旧知识间并不存在绝对的对错，新旧知识都是时代的产物，都具有存在的合理性；即使是在同一时代，"支持不同理论的两个团体可能都是对的"①，指出了知识的相对性和多元性。还认为，依据不同范式的研究者所探究的世界是有差异的，这是由于受到作为工具的理论的影响所造成的，从而削弱了传统科学观所宣扬的知识的绝对真理性和客观实在性承诺，颠覆了传统科学所坚持的普遍真理观，使人们开始重新审视知识的本质和来源。生态教育认识论还突出了科学范式的社会性因素，揭示了科学研究背后隐藏的社会性建构。这对建构主义的形成和发展具有深刻的启示作用，对于生态教育理论和实践也具有重大的启示作用。

8.2　知识观差异

8.2.1　传统教育知识观

传统教育的知识观是表征主义，主要有以下几方面的特点：

其一，知识具有客观实在性。认为知识是人脑对外部世界刻板的反映，外部世界是客观存在的，是不以人的意志为转移的，具有客观实在性。因此，反映客观世界的知识也是客观存在的，也是不以人的意志为转移的，也具有客观实在性。知识的客观实在性表明，知识如同它所反映的物质世界一样，不管你意识不意识到，喜欢不喜欢，它都实实在在地存在，绝不会因为人类没有意识到它、讨厌它而不复存在，其所反映的事物和规律也不被人的意志所左右，想改变就能够改变，并且按照应然律一刻不停地处于自身应有的运行中。这样的知识观造成了本应与人相融合、与现实生活相融合，具有情境性的知识外在于人、外在于现实生活，造成了知识与人

---

① 托马斯·库恩.科学革命的结构（第2版）[M].金吾伦，胡新和，译，北京：北京大学出版社，2012：171.

相疏离，与人的生活相疏离，拉大了人与知识的距离，造成了人与知识关系的异化，阻碍了人对于知识的认识、利用和掌握。

其二，知识具有唯一性和真理性。既然知识是人对客观世界类似照镜子式的认识，在表征主义者看来，面对独一无二的客观世界，面对相同或类似的客体，不管是王二，还是张三、李四，对于外部世界或认识客体的知识也一定是唯一的，或类似的，不应有质的不同；除非世界和组成世界的客体发生了质的改变，人们对其知识也相应发生改变，产生新的知识。而新的知识一旦形成，同样具有唯一性和排他性。不仅如此，既然成为知识，就不会因时因地因人而异，就应具有一贯性和持续性。在表征主义者眼中，所谓知识就是人的主观认识对客观事物的正确反映！因此，知识是绝对正确、超越时空的，不存在任何的局限性，不掺杂任何的谬误，等同于真理。

其三，知识具有表征性。表征的英文为"Representation"，是从德文"Vorstellung"翻译而来，即置于心灵之前，包括图像以及更为抽象的想法。其中，动词"Vorstellen"是由"Vor"（意为"在……之前"）加上"stellen"（意为"置于"）两个词构成，基本含义是"把……置于之前或把……带到……之前"，这一动词表示将认识对象置于或带到思维、心智之前，对该对象进行表征或再现[①]。哲学家查尔斯·泰勒（Charles Taylor）将其提炼为，将知识视为对独立实体的正确表征。所谓表征，就是把知识看作是心灵或精神对于外部世界的真实表现，心灵或精神如同一面镜子，就像镜子反射外部物体一样，主体无须中介就可直接接触外部世界，把握外部世界的本质和规律。知识的表征性进一步强化了认识的客观性、唯一性和真理性。

8.2.2　生态教育知识观

相较于表征主义，以生成、建构主义为基础的生态教育知识观对知识性质的认识则更加丰富、完整和深刻，并且更具有辩证性和科学性。建构主义知识观认为，知识不仅具有客观性，还具有主观性、情境性；且既是

---

① 张良. 从表征主义到生成主义 [J]. 中国教育科学，2019，2（1）：110–120.

后天的，又是先天的；既是个体的、多元的，又是社会的；既是相对的，又是绝对的；知识还具有生成、建构性。知识具有丰富性，是多样性的辩证统一。详细阐述如下：

其一，知识不仅具有客观性，还具有主观性和情境性。知识的客观性是指知识来源于客观世界，是人对客观世界的认识，并受到客观世界的制约；知识的主观性是指，人对客观世界的认识不是消极被动的认识，而是有意识、有目的积极主动的认识，从外部获得的感性知识只有经过主体的整理、加工和综合判断才能上升为具有普遍必然性的理性的知识。需要强调的是，人所具有的知性、人的先天综合判断能力并非上帝赐予，而是主体通过活动（实践）与客体相互作用形成的，是人的一种认知结构和认知能力。这种认知结构和认知能力通过适应达到相对平衡。一种较低水平的平衡状态，通过有机体和环境的相互作用，就过渡到一种较高水平的平衡状态。平衡是认识发展过程中的一个重要环节。认知结构正是通过这样较低水平的平衡—不平衡—再到新的较高水平的平衡，从而得到不断的完善和提高。

知识还具有情境性，情境性是指知识的产生离不开具体的社会历史和文化环境，是特定社会历史和文化环境的产物。例如，欧几里得几何学是古希腊社会的产物；以牛顿力学为代表的经典物理学是 17 世纪下半叶到 20 世纪初西方工业社会的产物；而狭义相对论、量子力学、宇称不守恒定律等则是 20 世纪现代社会的产物……

其二，知识既是后天的，又是先天的。知识是后天的，是指知识离不开客体，离不开客体对于认知主体感官的刺激，离不开人的感性经验，感性经验是一切知识的源泉；知识是先天的，并非指人出生伊始就具有了知识，而是指知识的形成，离不开认识主体所具有的知性、先天综合判断能力（前认知结构），认识主体所具有的知性或先天综合判断能力是先于感性经验而存在的，并作为感性经验产生的条件。换句话说，也就是人类如果不具备起码的认知能力，就不会有感性经验的产生，更不会有系统化、理论化知识的产生。就像一个音盲感受不到音乐的刺激一样，他所听到的只是声音而已，感觉不到节奏、韵律及其表现出的情感。也正是由于具备了高级心理机能的人类，拥有了能够对知识进行感知，并将其条理化、系统化、抽象化、一般化的知性或先天综合判断能力，感性经验才有可能上升为理性知识。另外，人在接触新事物、学习新知识时，总是离不开原有的知识、经验和主观感受，总是在原有的认知能力的基础上去认识新事物、发现新规律、把握新知识。同时，在这一过程中又进一步强化和完善了自身的认知结构，提高了自身的认知能力。当原有的认知结构不能够认识新现象、解释新事物时，原有的认知结构就会部分或整个解构或崩塌，直到建构起新的认知结构为止。

其三，知识既是个体的、多元的，又是社会的。知识是个体的、多元的，表明知识总是经由个体所发现，个体在发现、发明，乃至掌握知识的过程中无不体现其所具有的认知能力、创新性和创造性，体现其存在的价值和作为人的本质特征，对于个体自身具有重大意义；知识的个体性、多元性还表明，对于同一事物、同一现象，不同的人会有不同的认识，就像人们对于光的认识，光既有波动性，又有粒子性，同时还有波粒二象性，不同的科学家揭示了光具有不同的特性。知识是社会的，除了上述知识是社会历史文化发展的产物，无不打上一定时代社会的烙印，还体现在知识必须为社会所承认，被社会承认的过程也是一个实现其真理性、共有性和社会性特质的过程，知识只有被社会所承认，尤其是它所属的那个科学共同体的承认，才能成为真正的知识，才能实现其应有的价值。不被社会承认，不具有共有性和社会价值的知识不成其为知识。这也是所有知识被发现、发明之后必须经过社会和实践长期、反复检验和运用，得到社会认可才能成为知识，当作真理的重要原因。

其四，知识既是相对的，又是绝对的。知识的相对性和绝对性是就其真理性而言的。知识具有相对性是指，在人类认识客观世界的过程中，无论何种知识只能够揭示部分真理，不可能揭示全部真理；只能无限接近真理，永远也不能够完全达到真理，并且严格受到特定的社会历史条件和时空限制。譬如，欧几里得几何学就是古希腊时期历史的产物，在罗巴切夫斯基几何学、黎曼几何学出现以前，在平面范围内，它确实是真理，具有绝对性，但是，一旦超出平面进入曲面范畴便不再是真理；牛顿力学也是如此，在 17—20 世纪初，在中观层面对于低速运动的物体它是绝对真理，但进入 20 世纪后，到了宏观层面（宇宙天体间）和微观层面（分子内部）、高速（接近光速）运动的物体，它也就不再是真理。

其五，知识具有符号性、公共性。人的高级心理机能（包括认知能力）是由符号与工具中介的，因而这些符号和工具就具有了公共性和社会性。人类通过各种符号赋予客体以意义并就此达成基本共识，通过它们相互交流及与外部世界进行互动，进而加深相互之间及对外部世界的认识。语言是人类认识世界的一种重要的工具，内蕴着各种概念、观点、思想及逻辑。语言不仅可以用来学习和掌握知识，组织思维、促进思维的发展，进行社会性的交往与互动，以及思想与文化的交流，甚至能够通过其物质形态——文字进行跨越时空的交流，同时，还是自我调节和反思的工具。因此，知识的符号性和公共性，对于人们认识客观事物和世界，获取新的、更多的知识，以及提高自身的认知能力具有极其重要的意义。

其六，知识具有生成和建构性。所谓生成和建构性是指，知识总是离不开认知主体，总是与认知主体相互交融，共生共建的。具体体现在以下三个方面。首先，是认知的具身性，即认知与身体紧密结合，认知离不开身体，不存在离开身体的知识。身体并非心智暂时栖居的寓所，身体无时无刻不处在心智之中，而心智也无所不在地处在身体之内，二者紧密交融、相得益彰。人类的认知乃至一切生命活动都体现了心智身体化与身体心智化。其次，是认知的情境性，即将认知与情境有机联系起来。认知成为一个认知与情境不可分割、相互作用的整体性、动态性及处于特定环境中的过程与事件。特定的认知只能发生在特定的情境之中。知识是在个人与情境的交互作用中创造、涌现及生成的。最后，是认知的呈现，即将认知与探究、理论与实践完全融合起来。认知的生成性和建构性呈现彻底破除了知识与探究、理论与实践的割裂。生成、建构主义认知科学认为，认知是参与自然和社会，并从事自我知识和普遍意义的创造与生成的过程，这过程不仅是人与自然和社会的交互，而且是人生成了对世界和知识的内在理解和把握，这种理解、创造在实践中即为知识的生成与构建。

8.3 教育主体差异

8.3.1 传统教育主体

由于传统教育的哲学基础是表征主义，其观点认为，人对客观世界的认识是类似照镜子式的刻板、被动的接受过程，而不是认知主体能动地参与、发现、建构和创造的过程，人在认识过程中，建立在原有的知识、经验和主观感受基础上的认知结构被严重忽略了，因此，教育过程就成为一个单纯传授和被动接受知识的过程。

因此，在教育过程中，教师就成为教育的主体、课堂的主人。教师掌握了从教学内容到教学计划、教学过程、教学方法、教学评价等教育的全过程，学生成了教师操控的"提线木偶"，在教师的安排下被动地学习，其学习兴趣、课堂存在感、自主性、主动性、积极性和创造性都受到了很大的抑制，教育成为一个外在于学生需要的异化过程。

8.3.2 生态教育主体

生态教育认为，认知主体在认识世界的过程中不是一个被动接受的过程，而是一个通过活动（实践）与外部世界互动，积极主动认识、把握世界，建构和生成知识的过程。在这一过程中认知的前结构起到了举足轻重的作用。认识客观事物和世界，获取、掌握和创造知识的过程其实就是一个不断改善自身认知结构，提高自身认知能力，赋予客观事物以意义，自我建构的过程。仅靠单纯的传授和被动的接受是远远不够的。因此，在课堂教学中，必须树立以人（学生）为本的观念，充分激发学生的学习兴趣和内生动力，使其自主学习、自主探究、自我建构知识和能力，充分实现其自身价值。

生态教育的主体毫无疑问应为学生，在课堂教学中，应建立起新型的师生关系，即"以学生为主体，教师为主导"，学生与教师之间应处于一种相互平等的关系，学生才是学习的主人。学生应在教师的引导和帮助下，充分发挥自身自主的学习意识和积极性、主动性和创造性，通过师生、生生间共同的探讨、协商、会话，不断完善和提高自身的认知结构和认知水平，促进自身自由、全面、协调、可持续发展。

8.4 思维方式差异

8.4.1 传统教育思维方式

传统教育的思维方式是基于表征主义的思维方式，主要是对学生进行分析思维、理性思维的培养，即让学生通过对现象的观察、分析，透过现象深入其内部，了解事物的本质及规律，了解本质与现象之间、现象与现象之间的相互联系，以及这些联系的性质、形式和特点，存在的规律。表征主义认为，事物变化必有因，有因必有果，有果必有因，因果关系普遍存在于自然及人类社会的发展、变化过程中。人类对事物的认识存在着从感性认识到理性认识，从具体事物到抽象概括，从个别现象到一般原理，从一般原理到个别现象，即归纳与演绎这样一个互逆的逻辑推理过程。长期以来，人们正是通过这样的思维方式来认识、把握和表征世界。应该说，这样的思维对于现代科学和现代社会的发展起到了极其重要的作用。然而，传统教育理性思维在强调知识的客观性、实在性、真理性、表征性的同时，却忽略了知识的主观性、情境性、个体性、社会性、多元性，特别是知识的生成性和建构性。并且，对外部世界的了解远胜于对人自身内部主观世界、情感世界的研究，同时，还造成了学科知识与生活世界的割裂，主动学习退化为被动接受 [①]，从而阻碍了教育的发展。

8.4.2 生态教育思维方式

建构主义、生成主义视域下的生态教育，在强调理性思维的同时，还

---

① 张良. 从表征主义到生成主义 [J]. 中国教育科学，2019，2（1）: 110–120.

特别强调感性思维、非理性思维。关于非理性思维首先要指出的是，学术界所说的非理性思维与生活中所说的非理性思维完全不是一回事，后者是指思维混乱，不符合常识和逻辑；而前者则是指与理性思维相对的学术概念。理性思维侧重于关注外部自然界和科学，而非理性思维则更关注人生、关注人存在的价值和意义，关注人的精神世界和情感世界。理性思维的特点是抽象性、逻辑性、定量性、有序性、确定性、系统性和形式化，而非理性思维的特点则是具象性、联想性、想象性、定性性、无序性、非确定性和具身认知等，非理性思维更多地强调感性思维，强调内心体验，更加重视对学生直觉、顿悟和灵感的培养。这与中国古代传统所倡导的"天人合一""格物致知""整体思维"，在人与自然和人与人、人与社会的交往中感受真知、领悟奥秘的方法十分相似，并认为非理性思维属于超常规思维，是创新、创造能力的突出表现，往往能够带来突破性的成果，同时，也促进了人的全面进步，这对创新人才的培养具有极其重要的意义。

8.5 教育重心差异

由于哲学基础，特别是知识观的差异，导致传统教育与生态教育的教育重心有很大不同。下面试析之。

8.5.1 传统教育重心

传统教育的教育重心主要在以下方面：

其一，重教轻学。表征主义认为，知识是人对客观事物及世界的镜式反映，而不是认知主体能动地参与、发现、建构的过程。人在认知过程中，自身所具有的认知结构及其在认知过程中所具有的决定性认知作用被完全或大大忽略了，教育过程就成为了一个单纯传授和接受知识的过程。教师成了教育的主人，学生成为教师操控的对象，学生完全在教师的安排下学习，学生的课堂自我意识、自我存在感不强，学习兴趣不浓，其自主性、主动性、积极性和创造性受到很大的压抑。

其二，重理论，轻实践；重知识，轻素质；重专业，轻文化。表征主义主导下的传统教育，师生大部分的时间和精力花在了专业理论知识的教学上，而实验，尤其是实习、社会实践和道德伦理、文化素养、审美能力常常被忽视了。导致学生刷题考试能力很强，而动手能力、应用和实践能力较弱，自我管理能力、合作意识、团队意识十分缺乏，难以适应现代社会对全面发展复合型人才的需要。

其三，重知识，轻情境；重整体，轻个人；重结果，轻过程。表征主义课堂教育往往将知识与其产生的背景割裂开来，与现实生活和人割裂开来，导致知识成为纯粹抽象的概念、定义和枯燥乏味的逻辑关系，降低了知识的趣味性、可体验性和可创造性，在知识和学生之间竖起了一座无形的壁垒，造成学生对知识的排斥而非亲近。表征主义教育尽管也强调因材施教，但由于对因材施教的理解及采取的方式、方法都存在很大的局限，教学主要采用灌输的方法，较少采用探究式、互动式，更少对学生的个性特征、兴趣爱好和特长进行深入分析，有针对性地教学，往往起不到因材施教的效果。教师、学校、管理部门及社会更看重学生的考试成绩、合格率、毕业率、升学率、就业率，至于学生是否真的弄清了概念、原理，掌握了系统的知识和正确的思维方式，提高了自身综合能力并不重要。

8.5.2　生态教育重心

相对传统教育，生态教育的重心主要落在以下几个方面：

其一，重学轻教。生态教育知识观认为，认知主体在认识世界的过程中不是一个被动接受的过程，而是一个通过活动（实践）与外部世界互动，积极主动建构、生成知识的过程。在这一过程中认知主体自身起着决定性的作用。因此，在课堂教育的过程中，必须树立以人（学生）为本的理念，激发学生的学习兴趣和内生动力，促使其自主学习、自主探究、自我建构知识和能力，充分实现学生自身的价值。

如果说传统教育观认为教学离不开"教"，离开"教"是不可想象的，并且以教为主，以学为辅，重教轻学；而生态教育观则认为"教""学"在很多情况下是可以分离，也必须分离，且主张以学为主，以教为辅，重学轻教。教的目的是为了更好地学，是为学服务的，是为了让学生更快更好掌握学的方法，提高学的能力，以减少乃至于摆脱对于教的依赖，真正做到自主学习、自主探究、自主建构、生成知识和能力，不断超越自我，实现自身价值。

其二，重个性化培养和因材施教。生态教育知识观认为，知识是认知主体通过自我建构获得的，认知主体经历各不相同，其认知结构也各不相同，获取知识的方式、方法、过程也不尽相同，不可能也不应该对其进行整齐划一的培养，只能在尊重其个性特征、兴趣爱好、认知能力及特长的基础上，结合其独特的生活经历，进行差异化培养。学生通过自身个性化的思维和独特的方式获取的知识尽管带有共性，但因其获取过程与众不同，对其理解和把握的方式、方法也有所差异，因此，具有创新性和创造性，这样获得的知识同样能够成为"自己的知识"，体现其个人性，获取知识的过程其实就是一个彰显自我能力、实现自我价值、提升自我能力，超越自我的过程。

其三，重发掘学生的发展潜力。维果茨基的"最近发展区"概念提醒教师，学生都是具有发展潜力的，教育最重要的目的之一就是要不断开发学生的发展潜力。应该说，维氏的最近发展区概念与皮氏的"调节"理论具有同一性。为了开发学生的潜力，教育必须走在学生实际发展状况的前面，这样才能调节学生的认知格局。当然，教育走在学生实际发展状况的前面绝非揠苗助长，而是要划定区域，这个区域就是最近发展区，处于这个区域的教育最有利于促进学生的成长。教师的首要任务之一就是划定学生的最近发展区。另外，最近发展区概念还揭示了要充分发挥学生的潜力必须借助教师、同伴及其他人的帮助，因此，作为学生必须学会和善于寻求教师、同伴及他人的帮助；教师和同伴等也应该积极主动为学生、同伴提供各种帮助。通过相互协商、碰撞，迸发出思想的火花，激发出各自的潜力，实现共同成长。

其四，重对学生活动（实践）能力的培养。生态教育高度重视活动

（实践）对于教育的重要意义，认为活动（实践）在获取知识的过程中具有不可或缺的重要作用。认识是认识主体通过活动（实践）与外部世界相互作用的结果，活动（实践）是人与外部世界联系的中介和沟通的桥梁。正是通过包括互动、交流、相互合作、实验、实践等在内的各种活动，人与人之间、人与自然之间建立起了密切的联系，从而为人认识自身、人类社会及自然界提供了可能。同时，也进一步提高了人的活动（实践）及认知能力。

其五，重情境在知识建构中的意义。生态教育知识观告诉我们，知识具有情境性，是一定历史社会文化背景下的产物，是特定环境中的产物。缺少具体的情境知识就无法产生，也不具有普遍、必然的真理性。因此，在实际的教育过程中，必须改变传统教育忽视情境只传授知识的做法，尽可能设置相应的情境，将知识与其产生的情境相结合。这样，学生所获得的知识才有实际意义和生命力，才能够将知识与现实生活和人有机融合，解决知识与生活和人疏离的问题，才能使学生更有效地掌握知识，才能够让知识解决现实问题，提高学生解决实际问题的能力。

其六，重符号、语言在教育中的作用。符号、语言不仅是意义的载体、知识的载体，而且是人连接、沟通内外部世界的中介，同时也是人对内进行思维、对外交流的工具。因此在教育过程中一定要深刻认识符号、语言在构建和完善人的认知结构过程中的重要作用，引导学生准确把握符号、语言所内蕴的丰富知识和意义，体会符号、语言架构内在的结构和逻辑关系。在此基础上，深入挖掘符号、语言的表意功能和逻辑力量，赋予符号、语言以新的意蕴，灵活运用逻辑推导，更有效地提高学生的认知和思维能力、创造能力。

8.6 评价方式差异

8.6.1 传统教育的评价方式

以传递知识为目的传统教育评价方式，评价的目的在于了解学生掌握知识的情况，即是否掌握及掌握了多少知识。其评价方式主要为客观评价、对错评价、结果评价、单一评价，评价主体主要为教师。在对学生学习状况的评价上，采用单一的对错或肯定否定的评价。这样的评价，显得简单、粗暴，不仅不能对学生实际的学习状况做出客观、科学、完整的评价。而且，不能够更好地通过评价促进学生认知能力的提高，甚至导致教育价值观的偏移，使学生把对知识本身的探求转移到对正确答案的追求，并对学生的自主学习、自信心和积极性造成伤害。

8.6.2　生态教育的评价方式

以知识建构与生成为目的的生态教育，则主张要超越对掌握知识的单一评价，进行多元化的综合性评价。不仅要有客观评价、定量（工具化）评价和结果评价，还要有主观评价、定性（价值）评价和过程评价。不仅要有教师的评价，还应该有学生自身和同学共同参与的评价。主观评价、定性（价值）评价不仅能够弥补客观评价的不足，而且还能够不断明确教育的价值导向，避免因对"工具理性"的过分追求而忽视了对"价值理性"的追求（如过分追求考试成绩而忽视了自身学习能力的真正提高等）；学生自身及同学共同参与的评价更能使之体会和强化自身的优势，发现和弥补自身的不足，相互取长补短，相互促进，共同提高。

本章从哲学基础、教育主体、教育重心、思维方式、知识观和评价方式6个方面进行了传统教育与生态教育的比较研究。从中可以看出，生态教育能够使师生关系更科学、合理；能够使学生真正成为教育的主体、课堂的主人；能够更好地激发和培养学生的学习兴趣、内生动力和自主学习的潜能；能够促使学生真正掌握知识、提升智慧和能力；并且，在人文道德修养、审美情趣和情感上得到更大的提升。

通过比较研究，揭示了生态教育能够引导、促进学生自由、全面、协调、可持续发展的内在逻辑。

第 9 章　高校生态教育案例研究

　　案例教学是由美国哈佛法学院前院长克里斯托弗·哥伦布·朗代尔于 1870 年首创，后经哈佛企管研究所所长郑汉姆推广，并从美国迅速传播到世界各地，被认为是代表未来教育方向的一种成功教育方法。20 世纪 80 年代，案例教学引入我国。案例教学是一种开放式、互动式的新型教学方式。通常案例教学要经过事先周密的策划和准备，要使用特定的案例并指导学生提前阅读，要组织学生开展讨论或争论，形成反复的互动与交流，并且，案例教学一般要结合一定理论，通过各种信息、知识、经验、观点的碰撞来达到启示理论和启迪思维的目的。在案例教学中，所使用的案例既不是编出来讲道理的故事，也不是写出来阐明事实的事例，而是为了达成明确的教学目的，基于一定的事实而编写的故事，它在用于课堂讨论和分析之后会使学生有所收获，从而提高学生分析问题和解决问题的能力。

　　为改善和优化高校课堂生态，打造生态课堂，实施生态教育，以建设生态文明社会为目标导向，本章综合运用理性主义、非理性主义、建构主义和生态学等相关生态教育理论及从生态课堂四大要素"情境""协作""会话"和"意义构建"出发，借鉴国外生态教育经典案例和文献，结合我国本土国情，运用支架式、抛锚式等新型生态教育教学范式，从不同专业不同课程各自的特点出发，探索和设计开发了适合我国高校本科课堂财务会计、财务管理、审计和金融学的生态教学案例，以促进学生生态核心素养的培养。生态课堂的探索实践展示了高校生态课堂和谐的师生关系、生生关系、多元的评价方式、有活力、有生机的教学模式，以及如何充分发挥学生在学习过程中的个性和主体性，激发其学习兴趣和潜力。在教师指导和帮助下，自主建构知识和能力，恢复教育本真，把师生从教育异化的状态中解放出来，提高学生在课堂教学过程中的自我存在感、超越感、获得感和幸福感，从而满足其好奇心、求知欲，促进其自由、全面、协调、可持续发展，实现高校生态教育。

9.1 财务会计生态教学案例

9.1.1 财务会计课程教学特点及教学现状

1. 财务会计课程教学特点

随着社会经济的发展，社会对高级财务会计的需求越来越大，各高校也越来越重视高级财务会计。财务会计课程分初级、中级、高级，具有理论性、实践性和方法论相结合的特点。在复杂经济形势下，财务会计的应用可以有效地提高学生的实践能力，使学生在面对各种复杂问题时，不会感到不知所措。但是，由于其课程内容复杂，增加了教师的教学难度，加上财务会计理论的限制，使其教学理念和方法难以突破。在经济飞速发展的今天，还应融入价值塑造、知识传授、能力培养三方面课程思政的内容，防止学生进入社会弄虚作假、舞弊等不良行为，在强化理论学习的同时，应增强学生职业道德，逐步培养学生关心社会、遵纪守法的职业操守和思想品质。

2. 财务会计课程教学现状

（1）教学内容

目前我国的财务会计课程受到了社会和高校的高度关注，很多高校会计专业的精品课程体系也在逐步建立，高级财务会计的课程体系也在顺应潮流飞速发展，但是，在高速发展过程中，财务会计的教学还存在着一些问题，必须正确认识，使其不断完善提高。财务会计课程的教学问题，主要体现在教学内容和教学方式两方面。目前财务会计课程在教学内容上创新不足，而会计专业课程应随着时代发展而变革，在数字化智能化时代，财务会计教学有待改革和创新。财务会计对学生的实际应用能力要求很高，我们必须创新教学内容，更好地融合理论与实践。

（2）教学方法

财务会计教学模式是目前财务会计教学中的一个突出问题，传统的"教为中心＋知识传授""填鸭式"教学法已不能很好地应用于财务会计教学，必须把理论和实践有机地结合起来。而传统的、僵化的教学方式，制约着学生的发散思维，使其在理论和实践的结合中，不能充分调动他们的积极性，而学生长期消极的学习态度，也严重地影响了财务会计课程教学效果。传统的教学方式多是以老师为主导、单向性教学，学生的学习过程完全依赖于被动的知识获取，教学方法和教学形式单一，考试形式的格式化，导致财务会计教学效果的偏离。多媒体作为一种辅助手段的应用大大提升了教学效果，但与生态教育教学模式还相差甚远。

（3）课程发展

国际会计理论和实务的发展对我国的会计理论与实务产生了直接影响，我们的会计准则、会计制度也不断向国际化迈进。财务会计中许多具有国际性和前沿性的会计理论与实务问题，有的在我国是起步阶段，有的在我国还未出现，体现了财务会计的国际性和前瞻性。会计准则、会计制度的变革也无疑对该课程的教学提出了更高要求。

9.1.2　财务会计教学设计及过程探究

1. 背景

当前，财务会计专业的学生缺乏社会实践，不熟悉银行结算、生产制造过程、证券投资等经济业务，因此，大学目前的财务会计课堂教育效果还远远达不到对注册会计师人才的培养要求。财务会计课程主要以理论为主，枯燥、系统的知识难以引起学生的兴趣。学生在现实生活中遇到财务问题时，常常会感到手足无措，无法将所学到的知识与方法加以有效应用。传统的教学方法难以取得良好的教学效果。而在财务会计的生态教育教学模式中，老师利用情境教学，拓宽了学生的眼界，激发了他们的兴趣，让他们的学习不只是在教室里，还扩展到课堂外。

2. 教学目标

该案例旨在引导学员关注合并报表中无形资产和商誉的确认及后续计量问题，通过合并报表中无形资产与商誉的初始确认与后续计量的会计处理，分析合并报表中无形资产和商誉的产生过程及原因，分析两项资产的减值会计处理的是与非，分析品牌作为无形资产及后续计量不摊销是否符合准则要求，提升学生的独立分析问题能力，强化学生对非同一控制下的控股合并形成的并购溢价会计处理的理解。

3. 涉及知识点（搭建脚手架）

合并报表中商誉的初始确认；

合并报表中无形资产的初始确认；

合并报表中无形资产与商誉的区别；

合并报表中商誉与无形资产的减值；

无形资产的摊销。

4. 教学模式：支架式教学与抛锚式教学

（1）确定主题

非同一控制下控股合并的合并报表中通常会形成商誉，同时合并报表中无形资产的确认金额也往往大于个别报表中的金额。对被购买方可辨认净资产的估价远远高于其账面价值，合并对价又往往高于被合并方的可辨认净资产，因此合并报表中会形成巨额商誉及无形资产。

（2）创设主题情境

财务会计的实际应用情况是多样化的，因此关于财务会计主题内容的教学，需要紧密结合具体财务实际情况进行情境设置，例如可紧密结合审计、税务、股票交易所等部门或与机构紧密结合，对具体业务流程或资金流进行情境设计。

"案例教学法"是这种情境设计的重要方法，案例可以是真实的，也可以是虚拟的。情境设计是为了方便学生自我或者是协作学习而设计和准备的有关教学话题的背景资料和来源，例如，在企业兼并中确认商誉这一主题，为了帮助学生理解和掌握企业合并过程中商誉的确认以及无形资产的后续减值的会计处理方法和过程，可准备或提供有关资料，或提供有关企业合并过程中商誉的确认以及后续无形资产的计量的实际案例资料。

（3）设置"节点"，搭建"脚手架"——以"商誉与无形资产"为例

设置"节点"，就是在学生已有的认知结构上架起一座桥梁，在新旧知识间架起了"线索"。"节点"的设置要真正地激发学生的主动性、创新性，提高他们分析与解决问题的能力，应遵循"最近发展区"原则，并通过设计若干指导性的问题来完成。关于"无形资产以及商誉"这一主题，因为大部分的学生都已经在中级财务会计课程中建立了自己的认知结构，而在高级财务会计中，需要学生构建新的认知架构，进行新的"意义建构"。

依据"最近发展区"原理，可以通过若干引导性问题，设定与"无形资产和商誉"主题相关的"节点"，搭建"脚手架"如下：

① 企业合并过程中商誉如何确认？

该"节点"是为了使学生重视并了解企业合并过程中商誉的具体确认方法。当合并企业有相同控制方时，无论是购买方支付的购买价，还是其要购买的净资产，均使用账面价值进行交易，因此不会产生商誉。而当进行合并的企业完全独立时，无论是企业付出的资本还是购买到的净资产，都用公允价值计量，两者不等时便产生了商誉。

② 企业合并过程中商誉如何计量？运用哪种计量方法？

该"节点"设计旨在引导学生关注企业合并过程中产生的商誉计量的会计处理及商誉计量方式。

并购商誉的计量方法有两种，一种为直接计量法，也可以称作超额收益计量法。其主要分为：超额收益资本化法、超额收益折现法、超额收益倍数法。

另一种为间接计量法，即割差法。在割差法下，可以将企业付出的成本与被收购资产的市场价格进行对比，如果前者大于后者，多出的部分就是商誉的价值；反之，则为企业的额外收入。

③ 企业合并产生的并购商誉如何进行减值测试？

设置该"节点"，使学生意识到企业并购的商誉处理并不是一项短期活

动，而是需要贯穿于企业运行的一项长期活动，并引导其建构起关于商誉减值的具体理论框架。

在正常情况下，并购商誉都会为企业创作出额外的利润，但是依据会计谨慎性原则，企业应当及时对并购商誉进行减值测试，以免因为高估其潜在价值而给企业带来风险隐患。

在对并购商誉进行日后处理时，应该定期预测并购商誉是否发生了减值，通过对收购商誉的账面价值与其能为企业带来的可回收收益进行分析与比较，若前者高，则表明并购商誉已有减值；鉴于商誉具有显著的非识别性及相关性，因此很难直接对其进行计量。所以，必须把商誉与其相关的资产放在一起进行综合分析。

在对商誉进行减值测试分析时，要结合商誉所依附的资产，把商誉价值合理地分摊到资产上，进而对承载着商誉价值资产的变现能力进行确认，再将两者分离后的商誉的实际价值和之前的价值进行比较来确认减值情况。一般情况下，这种资产整体可以根据同行业的相关标准进行估计，如若在这种情况下不能完成对商誉实际价值的确认，则可以通过预计商誉在以后能给企业带来的利润对其进行估计。

（4）抛出"锚点"：结合案例提出具体问题

提供确认案例——"蓝色光标并购西藏博杰"2013—2018 年的合并报表以及证券交易所向蓝色光标发送的问询函等相关资料。结合案例资料抛出"锚点"，提出相关问题，引导学生思考。

本教学设计以蓝色光标并购西藏博杰为例，剖析蓝色光标（SZ300058）2013—2018 年合并报表中产生巨额商誉、充分辨认无形资产、商誉与无形资产计提减值准备、无形资产不进行摊销等环节会计处理是否符合企业会计准则的规定。

① 蓝色光标 2013 年商誉是如何确认与计量的？讨论本案例存在对赌协议的情况下合并成本的确定是否存在问题？

抛出此"锚点"对应支架式教学中"企业合并过程中商誉的确认""节点"，对上述支架式教学的理论建构进行实践，结合案例提出具体问题使学生对于相关概念以及理论意义搭建更为牢固。

② 蓝色光标 2014 年合并报表中无形资产是如何确认与计量的？对合并报表中无形资产进行重新辨认，讨论此项操作是否符合准则规定？

此"锚点"对应"合并报表中无形资产的初始确认"；"合并报表中无形资产与商誉的区别"两节点，是对支架式教学中纯理论部分的具体运用，结合具体案例对学生提出具体问题，引导其运用支架式教学过程中建构的知识进行操作，对抽象概念理论进行具体的运用以加深理解。

③ 评价蓝色光标 2017 年报问询函回复中，有关品牌这项无形资产的确认与后续不摊销的解释是否合理？

在知识经济时代，无形资产已成为会计核算的核心内容，无形资产在企业总资产中的比重显著提高。因此企业无形资产的确认以及摊销的相关问题就成为了企业合并过程中的重中之重，而抽象的知识并不能使学生对该业务的相关理论完成知识意义的建构，因此设置此"锚点"，结合案例中的具体问题，并缩小范围到"品牌"这一条件，由点及面使学生完成对该知识的意义建构。

④ 评价蓝色光标 2017 年报问询函回复中，有关商誉未计提减值准备的解释是否合理？

由于商誉的减值准备涉及众多知识点，如"企业资产评估方法""现金流量折现法""盈利预测"以及"折现率"等；且由于企业的盈利预测、折现率的选择等等，存在太多的选择，商誉不可避免的沦为上市公司盈余管理的手段，因此，此"锚点"的设计就显得尤为重要，既是对学生已有知识建构的回顾以及实际运用，也是对新知识的重新搭建，使学生围绕此"锚点"，展开研究以及调查，结合案例作出自己的思考以及答案，在回答问题的过程中完成对此重要知识的意义建构。

⑤ 对合并报表中商誉与无形资产会计处理的完善建议。

在学生围绕上述"锚点"完成自主学习以及讨论之后，引导学生进行进一步的思考以及讨论，使学生从政策以及准则的制定角度来分析如何对现存不足提出建议，培养学生独立学习、深入思考的能力。

（5）组织学生"讨论""协作""会话"

生态教育强调以学生为中心，而老师在教学过程中只起到引导以及辅助作用，所以，在搭建好"脚手架"之后，教师要把学生带到真实的情境中，借助"脚手架"上的各种"节点"，组织学生开展研讨、协作学习。

学生可以与自己协商分析怎样做才是合理的，也可以与其他学生相互协商分别提出自己的见解、观点、论据，再共同讨论分析、商榷哪些观点合理。协作应贯穿于整个学习活动，协商是协作学习的一部分。

例如，前面提到的"无形资产以及商誉"，学生们主要是在讨论与协作中进行，老师可以在教室里组织同学们进行分组，在课堂之外完成对抛出"锚点"的讨论以及答案，最后再以小组为单位对自己的研究以及答案做汇报，在汇报成果的过程中，老师旁听，并针对其汇报提出自己的建议以及提出更深一步的问题，引导学生自主思考并解决问题，共同完成这个课题的知识结构。

"脚手架"是由"节点"构建而成，在"讨论"与"协作"过程中，真正起到了支撑作用；而"锚点"的抛出则是为学生们的学习设置了一个目标与范围，所有后续的学习都是围绕此"锚点"进行的。

9.1.3 "生态教育"的实现效果评价

在传统的教学模式中，教学目标大于一切，是教学过程的出发点和归宿。它不仅决定了教学内容及其安排顺序，还是最终检查教学效果和进行教学评估的主要依据。与传统教学目标的设定不同的是，生态教育教学理论强调教学过程的组织要按照学生的"最近发展区"进行，帮助学生完成对所学知识的意义建构。在生态教育教学模式下，学生的独立探索、协作学习以及教师辅导都围绕"生态教育"这个中心而展开，一切教学活动都要有利于帮助学生完成和深化对所学知识的意义建构，而不是单纯地达到教学目标所规定的要求。

生态教育教学模式不需要独立于教学过程的测试，而是采用融合式测验，在学习中对具体问题的解决过程本身就反映了学习效果，或者进行与学习过程一致的情境化的评价。生态教育教学理论认为，教育的最终目标是使学生能在最大范围内达到对所学知识的意义建构。所以传统、单一的以书面测试为主的评价方式不能客观、全面地评价学生对知识的习得和掌握情况，需要遵循生态教育的评价方式，形成一个多元化的分层教学评价方式，对学生的学习成果评价包括学生个人的自我评价和学习小组对个人的学习评价，评价内容包括自主学习能力、对小组协作学习所做出的贡献、是否对所学知识完成意义建构三个方面。

同时评价的标准也要因人而异，对于尖子生要严格要求他们精确掌握所学知识，鼓励他们要不断超越自我，要求他们有竞争意识和创新理念；对于中等生既要指出他们学习中存在的不足，也要时时看到他们的进步，扬长避短，努力进取；对于特困生要注意观察他们的细微进步，一有进步就加以鼓励和肯定，绝不言弃，循循诱导，引导他们增强自信心，从而提高学习的积极性。

9.1.4　结语

本案例介绍了生态教育教学模式基本内容特别是"支架式"及"抛锚式"教学方法，对我国现行的财务会计课程的教学内容和教学状况进行了分析，提出了关于我国财务会计生态教育教学模式，并结合"无形资产与商誉"实例，对如何提高财务会计的教学质量、对培养学生的学习能力、创新能力和分析问题的能力进行了探讨，为教师在财务会计课程教学过程中的前期教学设计，教学过程中的教学方式以及教学后的教学评价作出一定参考。

9.2　财务管理生态教学案例

9.2.1　财务管理教学内容的特点及教学现状

财务管理是基于企业再生产过程中客观存在的财务活动和财务关系而产生的，是组织企业资金活动、处理企业同各方面财务关系的一项经济管理工作，是企业管理的重要组成部分。它是一种价值管理，是对企业再生产过程中的价值运动所进行的组织、监督和调节管理。简单的说，财务管理是组织企业财务活动，处理财务关系的一项经济管理工作。财务管理的内容，分为筹资管理、投资管理、营运资金管理、利润分配管理等。

1. 财务管理教学内容的特点

（1）内容抽象

《财务管理》教材中涉及的理论内容主要来源于西方国家，其中对概念、原理等专业名词的形容较为抽象、复杂，而且财务管理是一项对财务、数据进行分析和管理的工作，教材中涉及较多的计算公式。虽然教材中对每个公式代表的含义逐一说明，但并没有将此公式的来源及演变过程解释清楚，因而这就会导致学生对财务管理知识缺乏感性认识。

（2）综合性强

财务管理课程建立在会计学、管理学和经济学等知识之上，这就要求学生在学习该门课程时要具备一定的财务基础。与此同时，财务管理与现实生活中的企业经营管理联系紧密，这就要求学生不仅要关注课内学科知识，也要了解现实的经济热点资讯。

2. 财务管理教学现状

财务管理课程是一门理论性与实践性较强的课程。传统教学方式一般是通过演绎推理来传授知识，其逻辑起点是较正式地阐明概念结构和理论，然后用例子和问题来论证。在传统教学课堂中，老师是教学的中心，老师常常扮演"传播者"和"灌输者"的角色，学生常常处于被动接受的地位，被动地接受老师灌输的知识，成为被动的"接收者"。其结果是经常会出现教师课堂上讲得口干舌燥，学生坐在下面听得疲惫不堪，老师往往忽视学生在学习上的积极性和主动性，这就导致学生不善去独立思考问题，下课了自然也不会和同学讨论，知识理论得不到巩固，学习效率不佳。长此以往，学生会逐渐感到知识点的庞杂、课程的枯燥，最终会失去对财务管理课程学习的兴趣。这就形成如今很多高校出现学生逃课、上课玩手机现象。学校为了维护教学秩序，又不得不要求教师严格考勤，导致上课流于形式。

由此可见传统教学模式已经暴露出诸多弊端，要适应生态文明建设的发展，满足市场经济对高素质创新型人才的需求，必须改变现有的传统教学模式。基于生态教育教学模式给予了教育者诸多启发，将生态教育思想融入教学过程，以学习者为中心，帮助学生掌握知识，增强学习的信心，使学生能够成为真正意义上的"学习者"和"探究者"，实施生态教育。

9.2.2　财务管理教学设计

1. 确立教学目标

生态教育教学的根本目的是促进学生的自主学习能力。这就要求老师首先明确学生到底需要学会什么。财务管理内容复杂，主要分为筹资管理、投资管理、营运资金管理、利润分配管理等。建立以学习者为中心的生态教育教学模式，通过理论与实践相结合的方式，使学生深刻体会到企业财务经营决策的理论和方法在企业经营成败中的决定性作用。培养学生综合运用财务管理理论知识和相关知识能力，应用所学知识分析和解决现实中企业经营出现的各种问题，提高学生的自主学习能力、决策能力以及问题分析能力，是本课程的重要目标。

2. 课程设计

财务管理课程设计运用了教学与项目合作并重的教学理念，总体包括两大模块，即知识建构模块与探究练习模块。首先，第一个模块是知识构建模块。知识构建模块主要重点是突出教学内容，着重在于教师帮助学生构建起财务管理知识体系，搭建起学生的"知识大厦"的框架。可以通过详尽再现课程全部知识及其重难点，利用信息技术与课程相结合将理论生动形象地展现给学生（如 PPT 展示、多媒体动画呈现），以及教师在课堂上与学生在教学交流沟通中展现知识。其次，第二个模块是探究学习模块。探究学习模块是学生填满"知识大厦"的过程，学生依据自己的能力、兴趣以及主动性进行自主探究性学习。由于探究性学习侧重于主题情境的设计和参与者协作的沟通过程，所以在模块划分上根据人们在探究过程中扮演的角色不同而划分为主题负责人（教师）和参与者（学生和教师）。

值得注意的是，知识构建模块与传统教学模式有相似之处，都是教师在传递知识，但不同的是，前者更多的在教学中以学生为中心，注重学生在课堂中的反应和接受程度，根据学生的特点以及知识的接受程度安排课程的进度。在知识构建过程中，需要教师更多的与学生沟通互动，了解学生的问题，及时给予学生解答，创建和谐的师生、生生关系，达到生态教育的目的。这与传统的教学模式有极大的区别。本文着重详细介绍探究学习模式的运作，以及各个参与者在参与过程中的角色分配以及各自的任务。

3. 探究学习模式：创设"企业"主题情境

财务管理的教学和现实中企业的经营管理是密不可分的，因此对于财务管理主题教学，需要紧密贴合现实生活中真实企业在经营管理中出现的情况和问题，因上市公司数据较易获取，可以结合某一具体的上市企业布局，对企业经营业务以及生产管理等方面进行分析。此外，还可以在校园内通过软件设计平台创建虚拟的企业环境，以一个完整的制造型企业作为教学的基本背景，全面向学生展示该企业的布局、经营业务范围和企业组织架构等基本信息。同时，通过设置企业内部、外部环境，以及组织、经济业务端和财务处理端的平台架构，为学生提供一个全方位的学习和实践环境。

教师可以通过模拟平台展示企业的整个价值链，从采购原材料开始，到产品的研发和生产，再到仓储、销售和服务等各个环节，实现全面模拟。同时，通过模拟企业的资金筹集、投资、运营和分配，以及相应的现金流入和流出，让学生通过实践，主动思考和探索如何优化企业现金流，以及如何利用信息流来制定合理有效的控制企业各环节成本的具体方案。这样可以让学生对资金的运营、销售的利润预测、成本预算和控制、筹集资金以及投资决策等方面内容有更深入的理解。

4. 设置情境，利用活动教学——以"投资决策"为例

课程的认知要求要与学生的认知能力相互适应。搭建桥梁的过程是刺激学生用原有的知识来理解新的知识。在新知识与旧知识之间搭建桥梁，用独立性和自主性激发学生发现问题、解决问题。教学目标在于使学生深入地理解问题，而不是模仿行为。

（1）教学目标

投资决策是公司对现在所持有资金的一种运用。这需要让学生理解企业投资是实现财务管理目标的基本前提。企业财务管理的目标是不断提高企业价值，为股东创造财富。因此要采取各种措施增加利润、降低风险。企业要想获得利润，就必须进行投资。这节课程主要是由低到高从三个层次来进行：第一层是企业投资的分类及内涵，包括长期投资与短期投资、直接投资与间接投资、对内投资与对外投资、初创投资与后续投资；第二层是投资现金流量分析，包括现金流量的计算方法和各种计算现金流量方法的运用；第三层是理解各种计算现金流量的优缺点以及投资项目的风险因素，培养资金管理与风险管理能力。

（2）活动设计

选择活动教学法和小组合作法，为学生缔造合理的企业经营情境，融入投资决策的知识点，将教材中的教学内容具体化，以此来激发学生的兴趣和课堂参与度。教师可以将学生分成若干个小组，以小组为单位，以此为基准进行企业投资决策。需要注意的是整体课程内容的逻辑性，更要结合授课班级学生的具体情况进行循序渐进的活动教学。学生通过模拟员工角色和企业岗位体验，完成设定的投资任务，这不仅锻炼了他们将财务管理的基本原理应用于实践、解决实际问题的能力，还促进了他们在财务管理技能和团队合作方面的共同成长。

（3）活动教学的实施

活动教学的实施主要分为以下几个步骤：第一按照班级人数，组建小组团队，每组一般 4—6 人为宜，形成竞争团队；第二由教师向学生讲解活动的相关规则以及分发与游戏相关的材料；第三实施活动，每个小组根据已学的投资决策知识，为自己小组的企业进行投资决策；第四评价环节，投资结束后，小组展示投资项目的原因，计算赚得的利润以及运用的方法。最后由教师进行评价总结。

（4）教学活动设计中需要注意的问题

教师的核心职责是确保每位学生都能参与讨论，维持讨论主题不偏离，并允许不同观点的表达。同时，教师应促进学生进行激烈而有理性的讨论，例如要防止学生在课堂上私下交谈，并要求讨论既热情、直接又真诚、尊重彼此。其次，教师要避免给出唯一的肯定性答案，因为如果教师给出了肯定性答案，学生就会不加思考地接受教师所给出的答案，而缺乏自己的思考，放弃自己的观点。这可能会导致整个教学流于形式，学生没有得到真正的收获。

9.2.3　财务管理教学过程探究

1. 活动背景

某钢铁公司成立于 2012 年，是钢铁行业的龙头企业。现在钢铁公司正在筹划一系列的投资计划，为期十年。钢铁公司现生产线每年可为公司创造 50 万元的营业现金流量（暂不考虑所得税影响）可用于投资，公司2020 年可用于投资的资金为 300 万元。现在为 2020 年年末，为扩大公司的盈利，公司准备组织一项投资计划，公司的投资部门需在一系列投资决策中进行策划，在已给定的投资项目中进行抉择，选择合理的投资项目，对选择的投资项目进行可行性分析，恰当权衡收益与风险，依据所学知识进行有数据支撑的投资规划，避免盲目投资。

2. 游戏内容

①将学生分组，每组选定一名投资经理以及一名汇报员；②投资经理负责进行每轮项目投资选择，汇报人负责在每轮投资结束后，上台进行汇报，汇报内容主要为本轮投资中，投资项目为何种类型的投资，经过本轮投资企业获得的经营性现金流的增加额，本轮中选择这些项目进行投资的原因，投资项目的可行性，运用了何种方法进行计算以及投资项目的风险情况（学生可以查阅相关资料，对问题进行分析）；③公司中其他成员辅助经理和汇报人的工作，进行投资项目收益测算、投资风险预测以及运用合理的投资决策方法进行投资项目可行性评估；④每个企业的初始资金一致，企业运营期限设定为十年，为简化活动流程，每五年进行一场投资，企业可以在给定的投资资金下选择多种投资方案进行投资，对于股票和债券投

资项目，每个项目只可投资一次；⑤十年期满后，因考虑到企业是持续经营，未结束的投资活动按已发生年份收益记录进入投资收益中；⑥投资结束后，按所获得投资收益的高低以及投资风险高低进行综合评价，评价最高者为胜出。最后由教师进行活动总结，分析这节活动案例学生的收获。

投资项目分为以下七个项目，可以在以下七个项目中进行投资决策，债券和股票类投资项目只可投资一次。

①（项目 A）购入一台炼钢设备，以扩大生产能力，现有甲乙两种方案选择。甲方案需要投资 50 万元，一年后建成投产。使用寿命为 5 年，采用直线法计提折旧，5 年后设备无残值。五年中每年可为公司增加 13 万元的收入，每年付现成本为 3 万元。乙方案：需投资 70 万元，一年后建成投产时需另外增加营运成本 15 万元。该方案的使用寿命也是 5 年，采用直线法计提折旧，5 年后残值 10 万元。5 年中每年可为公司增加 20 万元，付现成本第一年为 5 万元，以后每年增加维修费 5 000 元。

②（项目 B）上新一条炼钢生产线，项目需要一套设备和一项专利技术。设备购置成本为 100 万元，设备无需安装。投资后，可于当年投入使用，经营周期为 8 年。采用直线法计提折旧，折旧期限为 8 年，折旧期满后设备无残值。专利技术使用费 200 万元，于投资时一次性支付，期限为 8 年。专利技术使用费可按合同约定使用年限平均摊销。该项目投产后，营销部门估计该条生产线各年销售量为 2 万件，销售为 165 元 / 件。

③（项目 C）现找到一个投资机会，预计该项目需要固定资产投资 175 万元，当年可以投产，预计可以持续 5 年。会计部门估计每年固定成本为（不含折旧）4 万元，变动成本是每件 180 元。固定资产折旧采用直线法，估计净残值为 5 万元。营销部门估计各年销售量均为 1 万件，销售为 150 元 / 件，生产部门估计需要 150 万元的流动资金投资，预计项目终结点收回。

④（项目 D）股票投资，红山公司可进行股票投资，从该公司有关会计报表和相关资料中可知，2020 年该公司发放的每股股利为 5 元，股票每股市价为 50 元；预期 A 公司未来五年内股利恒定，在此以后转为正常增

长，增长率为 6%；假定目前无风险收益率为 8%，市场上所有股票的平均收益率为 12%，该公司股票的 β 系数为 2。

⑤（项目 E）股票投资：绿地公司可进行股票投资，从该公司有关会计报表和相关资料中可知，2020 年该公司发放的每股股利为 2 元，股票每股市价为 30 元；预期 B 公司股利将持续增长，预期年增长率为 6%；假定目前无风险收益率为 8%，市场上所有股票的平均收益率为 12%，绿地公司股票的 β 系数为 1.5。

⑥（项目 F）债券投资：现有面值 100 万元，票面年利率 10%，为期十年的债券，不计复利，每年 1 月 1 日复息，当前市场利率为 8%，不考虑所得税的影响。

⑦（项目 G）债券投资：投资者目前可以以 110 万元的价格购买一份面值为 100 万元的债券，每年付息一次，到期归还本金，票面利率为 12% 的五年期债券，假定投资中途不可卖出，必须持有至到期，且不考虑所得税的影响。

3. 效果分析

财务管理是有关资金的筹集、投资和分配的管理工作。以公司财务管理人员的实际工作过程为导向，聚焦于投资这一课程知识点，以上七个投资项目，分别从股票投资、债券投资、固定资产投资及生产性投资等方式罗列企业基本的投资方式。

项目 A、B 和 C 为生产性投资，生产性投资可以提高效率、降低成本。生产线可以将制造过程中的每个环节进行优化和改进，最终实现收益最大化。在实际生产中，生产线的开发和运行都会严格按照标准流程进行，从而使人力资源和生产时间得到充分利用，大大提高了生产效率。生产线的投资成本包括设备费用、人力成本、工厂租赁和其他费用等。这些成本可以通过计算生产线的规模和产品种类进行预估，以便进行有效的投资决策。通过这三个项目，学生可以学习到①如何使用直线法计提折旧；②付现成本和非付现成本的含义；③计算投资项目的资本成本。

项目 D 和 E 为股票投资，股票的估价是投资者对某种股票进行分析以后得出的估计价值，也称内在价值或投资价值。这种价值与该股票的现行市价比较，可决定是否值得进行这种股票投资。有三种不同股票的估价方法：①长期持有、股利每年不变的股票；②长期持有、股利固定增长的股票；③短期持有、未来准备出售的股票。通过游戏，学生可以学习到如何测算股票的内在价值，对于一项股票是否值得投资有一定的了解。

项目 F 和 G 为债券投资，根据金融资产的定价理论，债券在存续期内有确定且稳定的现金流，因此可采用现金流贴现法进行定价，这一点，与平时所看到的股票估值 DCF 模型的本质是一致的。目前债券基金的估值方法主要有三种可以选择：成本法、市价法和摊余成本法。通过这两个项目的投资测算，学生可以对债券投资有个基础的了解，清楚并了解票面利率和市场利率的异同点。在项目进行过程中，教师需要随时掌握学生的学习动态并及时加以辅导。

学生进行完游戏之后，要求学生对活动中的收获和疑点进行记录整理。同时，要求完成教师布置的课前针对性自主学习任务单与练习，以加强对学习内容的巩固并发现疑难之处。

设计课前针对性自主学习任务单的内容如下：怎样计算借款实际利率？如何选择投资方案？怎样合理运用资金？各个项目投资风险如何测算等。设计课前针对性练习的形式可以是判断、选择、计算、案例分析等。对于学生课前的学习，教师应该利用信息技术提供网络交流支持。学生在课前可以通过留言板、聊天室等网络交流工具与同学进行互动沟通，了解彼此之间的收获与疑问，同学之间能够进行互动解答。并要求学生能够运用多种资源，如网络上优秀的开放教育资源、相关新闻报道等来进行学习，并促使他们到社会大环境中去亲身体验，有利于培养学生的创新精神和实践能力。

9.2.4　教学效果分析

经济管理类学科的课程一般都是以理论和案例讲解两者相结合的形式进行教学，而理论课程中包含大量的专业术语，一般较为枯燥，因主要研究的是企业的经济运营情况，学生很难将理论知识迅速地串联起来，并运用到实际学习工作中，学生上课积极性以及课堂参与度可能不高。基于生态教育的生态课堂教学模式打破了传统的以教师为中心的教学模式，而转变为以学生为中心的生态教育教学模式，实现了"教与学"地位上的转变。而课堂活动教学可以使得枯燥的课程变得生动形象，学生可以参与到老师创设的情境中，极大地激发学生参与课堂的热情，学生学习的自主性也得到极大的提高。

1. 提高理论知识的综合运用能力

生态教育理论强调，学习者在对新知识的认知过程中，要注重结合一定的实际生活背景，在生态环境中对知识进行摄取。生态教育理论下的探究教学是在理论和现实结合的基础上展开，因而容易被学生接受。将学生带入情境中教学，能够极大地激发学生对于知识运用的兴趣，有利于学生快速地认知、理解和运用所学教学内容。一旦学生掌握知识点以后，将比来自讲课和阅读得到的知识更加牢固、记忆深刻。这种感悟式教学，具有启发性、实践性和参与性，真实感受各种实际问题，并尝试用自己的能力解决问题，更有利于加强学生对于知识的深刻理解，构建自己的知识内化于心，达到生态教育的目的。

2. 锻炼学生的学习独立性

生态教育教学模式下，学生不是被动的信息接收者，而是具有主观能动性的知识建构者，教师在其中的角色应是引导者，引导学生运用知识自主地进行解构、理解和内化，而不是"灌输式"教学，学生成为教学的中心。学习强调的不是知识信息本身，而是知识的意义生成和价值塑造，重在学习者的主体性调动①。在本次教学活动中，学生依据老师所提供的资料，进行探究式学习，主动查阅资料解决问题，对于培养学生的自主分析问题和解决问题的能力大有裨益。

---

① 向阳辉，吴庆华，李国锋.建构主义视阈下高校课堂教学的共生模式探索［J］.教育理论与实践，2022，42（09）：46-50.

3. 培养学生的团队合作和沟通能力

生态教育教学模式下，会话与协作构成学习环境必不可少的两大要素，以协作贯穿于学习的全过程，对资料的搜集与分析、假设的提出与验证、学习成果的评价及意义的最终构建具有重要作用。在本次教学活动中，小组合作、沟通会话是完成任务必不可少的环节。小组成员之间分工明确，每个人都有自己的任务，可以在活动中提出自己的建议，将自己的智慧融入团队。这样不仅有利于学生之间集思广益，而且可以使学生对于知识的认识更加全面、更加深刻。

4. 培养学生探究和解决问题的能力

学生的知识获得与能力培养，都是在对自然和社会的客观规律进行研究的过程中、在解决实际问题的过程中完成的。在本次教学活动中，教师搭建的实践平台，将现实生活中的企业问题带入课堂，让学生能够根据自身行动的反馈信息，形成对理论知识的认识以及形成解决问题的方案。这使学生能够将所学的理论知识外化，运用到实践中去。

9.3　审计生态教学案例

9.3.1　审计课程教学特点及现状

审计学是一门研究审计理论和方法的社会科学。审计学涉及许多不同的学科，包括会计学、经济学、管理学和法学等。审计学的目标是探索审计发展规律，对经济活动进行有效的监督和管理。审计学是一门非常复杂的学科，需要进行大量的研究和分析。研究方法包括实证分析、理论分析和计算机技术等。通过对审计数据和信息的收集、整理和分析，审计学可以深入了解企业或机构的财务状况、经营业绩和风险管理情况，为企业或机构提供决策支持。

此外，审计学还可以帮助人们了解政府和非政府组织的财务状况、经营业绩和风险管理情况，从而为政府决策和社会治理提供信息支持。

审计是一门实践性很强的学科，需要理论与实践相结合，才能更好地掌握这门学科。我国多数财经院校的审计教学中普遍存在着重理论轻实践、重知识传授轻能力培养、重课堂教学轻实践活动等问题。从审计学的教学内容来看，教师注重对审计理论知识的讲解，而忽视了实践教学。因此，在审计教学中应注重加强实践教学环节，通过实践教学提高学生的理论水平和实践能力。

实践能力是审计人才所必需的素质之一，也是社会对审计人才提出的要求。注重培养学生的实践能力，提高学生的实际操作能力。现代社会对人才提出了更高的要求，不仅需要掌握扎实的理论知识，还需要具备良好的操作能力和人际沟通能力。教师可以通过案例分析、模拟实验、实习等方式培养学生的实际操作能力和人际沟通能力。

在当今社会，单纯依赖于"灌输"的教育方式，是不能满足现代社会发展的需要的。因此，必须对现行的审计教育模式进行改革，以提高学生的创新思维能力。

本文基于生态教育理论以及高校审计教学现状，针对审计学科课程特点和课程内容，研究将生态教育应用到审计教学中，创新生态教育教学模式，本文主要介绍案例教学法的应用。审计教学改革最重要的就是提倡开放式的教学模式，摆脱传统教学思想的束缚，鼓励学生自主思考、发散思维，多方面培养学生的学习能力。

1. 审计课程的教学特点

（1）审计学涉及面广泛，专业名词多，不易理解

审计学与许多学科关系密切，学生须在掌握《基础会计》《财务管理》《内部控制与风险管理》等知识后，再学习审计学相关知识。另外，随着审计方法的不断完善，还需要审计人员掌握税务、统计学、证券、金融市场等方面的知识。并且审计学中的许多概念晦涩难懂，容易造成理解偏差，因此设计案例对相关概念进行通俗易懂的解释，有助于学生更好地理解，且在此基础上灵活地运用相关知识。

（2）审计教学重理论轻实践，难以提起学生的兴趣

审计学是一门理论与实践同样重要的学科，先学习理论知识，打好基

础，然后通过实践环节应用理论知识得到更深刻的认识，使得学生发现问题、分析问题和解决问题的能力得到进一步提升。然而传统的审计教学课堂采用的"教为中心＋知识传授"，主要以课本讲解为主，其中的审计条例、概念等内容抽象、枯燥无味，难以引起学生的兴趣。并且在教学过程中往往注重理论教学，轻实践指导，导致学生在实践过程中不知所措，无法很快融入到工作中。

（3）审计学本身具有很强的实操性

审计学具有较强的实操性，学生想要学好这门课程，需要培养较强的动手能力，并且了解审计工作的一般流程，包括审计计划、实施、报告等环节；掌握审计工作的基本方法，如阅读和分析财务报表、编制审计工作底稿等以及具备一定的外语水平，能熟练使用各种计算机软件等等，需要学生实际参与到活动中，才能将书本的知识融会贯通，内化为自己的知识，从而建构起新知识。

2. 审计课程教学现状

从审计学教学的方法和内容上看，目前高校的课堂教学依旧采用"教为中心＋知识传授"的传统模式，以教师讲解书本内容传授知识为主，教学模式比较单一，也有部分教师积极展开互动教学，主要内容有：教师主动指导提问，学生作答等；同时，本文还对仿真教学进行了有益的探索，尤其是案例教学。目前，课堂教学仍停留在表面上，而就学生的实际操作能力来看，其成效并不明显。

和会计的实际教学方法相比，审计存在很大的不足，比如，会计有实习或者电算化的实习环境，但是，审计实习的建设却严重落后，而且，实习和课堂教学的联系并不是很密切，不能很好地支持审计理论的教学。不能使学生在实际操作中感受到审核工作底稿的制作和方法流程，不能促使教学的"教-学-练-做"的一体化发展，不能使学生对所学的知识有更深刻的认识，从而构建出新的知识。

从教学内容上看，与其他学科相比，审计专业需要更多的知识与技能。审计课程是一门综合性很强的学科，除了要掌握管理学、经济学、会计、财务管理和税收法规等知识之外，还要跟上会计、审计标准和国家有关的法律、法规的变化，教师也要经常进行知识的更新，并且要时刻注意审计理论和实践中的发展变化。此外，审计课程要解释的内容比较复杂，学生们在进行审计课程学习时，必须要将前期所学到的有关知识应用到自己的课堂上，但是，因为学生们学不深或者忘记了，所以，为了保证教学的连贯性，老师必须首先对有关的知识进行温习。比如，在进行分析性审计时，它包含了财务管理、税务、会计和内部控制的知识。

9.3.2　审计生态教学模式设计与应用

1. 背景

生态教育认为，在学习过程中，教师要扮演好学生构建意义的角色，要根据教学内容创设合适的情境，并在新旧知识间进行提示，使学生对现有的知识有一个初步的认识。

审计教学课堂内容枯燥，内容繁杂，适当地运用案例，使得学生能够更加贴近实际生活，运用自己所学的理论知识解决问题，也能够温顾学过的内容。基于生态教育的支架式教学模式，教师运用案例进行实践教学，首先搭建"脚手架"，以案例为素材建立学习的概念框架，根据案例设计公司背景将学生引入具体要研究的问题情境中去，然后在教师的指导下，鼓励学生进行独立探索。探索开始时教师要先引导，然后让学生自主思考，在探索过程中进行适当的提示，帮助学生更好地理解概念框架，对案例提供的内容和存在的问题能够得到更加深入的理解。

2. 教学目标

该案例旨在引导学生关注审计流程，从制定审计计划开始，基本内容包括了解被审计单位的情况、审计目的、重要的会计问题及审计领域、审计策略以及审计人员和分工问题等。通过生态教育的教学模式，调动学生的积极主动性，能够更加深刻地理解审计工作的理论和内涵。

3. 涉及知识点（搭建脚手架）

审计的基本流程；

实质性测试的程序；

内部控制是否真正有效，需要通过执行符合性测试予以验证；

编制审计报告。

4. 生态教育教学模式：支架式教学与抛锚式教学

（1）确定主题

审计程序是审计人员对某一特定程序所要进行的活动与程序。从广义上讲，审计程序可以分为事前审计、执行审计和审计结束三个环节，每个环节都包含很多具体的工作。从狭义上讲，审计程序是指审计人员为达到审计目的而采取的一系列程序和手段。

（2）创设主题情境

支架式教学方式更多地关注教育与学生的认识发展规律之间的关系，关注学生的初始经验与发展程度。教师需要选择适合学生的案例，与学生学过的知识可以无缝衔接，不宜选择难度系数过大的案例，以免影响案例教学的进度，学生也无法从中获得知识。

案例背景：泰山资源再生利用有限公司成立于 2009 年，位于中国香港特别行政区，是一家私人股份有限公司，是以从事生态保护和环境治理的组织机构的公司。泰山资源再生有限公司对外投资了五家公司，其中有两家分别于 2009 年和 2018 年注销，剩余三家公司简称为 A 公司、B 公司和 C 公司。C 公司成立于 2012 年，也是以从事生态保护和环境治理为主要业务。接近年末，泰山资源再生利用有限公司委托 ××× 会计师事务所对其子公司进行年报审计，分为预审和终审两个环节。

（3）设置"节点"，搭建"脚手架"——实质性测试

每一项教育活动都有特定的目的，而支架式教学同样要设置一个目的与任务，在此基础上，根据不同的学习话题，老师要依据课程目标与学生的发展状况来制定学生的学习目标，并对其知识的"最近发展区"进行剖析，从而界定出各种不同的学习架构，从而帮助学生构建一个能够让他们更好地了解自己的知识，并将他们带入自己的学习情境之中。根据案例背景，创建学习情境，会计师事务所需分配审计组并制定计划和组织分工，

根据子公司提供的相关资料进行实质性测试：①核查会计凭证及一些原始凭证的真实性、可靠性，对于出现问题的账目且原始凭证不足，需采取措施了解该笔款项发生的真实性以及出现误差的原因；②根据会计报表的科目，进行分类审查，例如应收账款、应付账款、成本类等等；③对货币资金、固定资产等进行盘点核算，如库存现金科目实存余额，需进行现金盘点，以及了解固定资产盘点应用的方法；④针对已有的数据资料，计算出该公司的生产成本及损益，并与以前年份进行比较，分析其今年经营效益的好坏；⑤最后形成一份完整的审计底稿。通过公司背景设计，将学生引入到具体的审计情境中，使学生能够运用已有的认知结构中的相关体验，对目前所学的新知识进行吸收与探究。

（4）组织学生"讨论""合作""会话"

① 支架式教学是指根据学生目前的发展水平，在一套教学支架的指导下，实现对教学内容的了解和实际操作能力的掌握，成功地实现教学的发展预期。首先要把学生放在第一位，支架式教学的重点是要针对学生在课堂上的具体状况，对教学支架进行灵活运用，以帮助他们克服学习障碍，达到教学目的。根据案例背景将学生分为六个小组，每组选定一名组长和三名组员，并分配两组审计同一家子公司，这样协作学习进行讨论，通过不同的观点交流，加深每个学生对当前问题的理解；②组长负责计划审计流程和分工安排，与组员商量具体的分项细则；③组员负责抽查样本，核对凭证和数据资料，完成审计目标；④完成预审环节后，负责同一子公司的两个组进行互评，针对各自发现的问题和完成度进行打分评价；⑤通过交流学习后，再分别进行终审环节，根据检查发现，编写审计工作底稿，最终完成审计报告。每位学生都参与到实践中，进行独立的思考探究，然后集中讨论。

（5）教学过程

① 案例实践前的准备工作

首先，各个小组成员需要掌握年报审计的一般流程，编制合理的审计方案，提前了解被审计单位的基本情况和准备好要填写的表格模板；其次，在实践过程中，合理安排好各自的分工，避免重复工作和漏项；最后，在做准备工作时，应当充分考虑实践过程中可能会存在的问题，提前考虑好应急措施，避免手忙脚乱，无法完成既定的目标任务。

生态教学注重学生的主体性，把学习看作是学生在已有的知识经验基础上进行意义创造和建构理解的一个过程。而本案例实践的教学目的是培养学生自主发现问题、分析和解决问题的能力，能够独立地进行思考探索。为帮助学生自主探究，实现意义的构建，需要为学生提供多样化的信息资源，其中包含多种教学媒介、教材等。因此，该实践需安排在基础审计知识讲解后作为实践课程进行教学，并提前告知学生实践任务，让学生有充足的时间复习相关审计原理知识。

② 实践案例的实施

课程班级的总人数为 24 人，分为 4 人一组，然后每组选出一名组长负责整个团队的运作以及领导队员完成此次实践活动的各项任务。审计实践结束后，带领组员验收其他小组的实践成果，对此做出评价总结。

由教师讲解审计实践的规则以及发放部分底稿表格的模板，并告知相关格式规范以及用语规范标准；若有最后提交的表格格式存在错误，对该项进行扣分处理。因此，各组需在实践活动开始前，准确掌握各项规定，避免在操作过程中产生不必要的错误。大家还应按照自己的能力，选择适当的分工，确保整个过程可以顺利地结束。

实践模拟审计活动中应包括三类人员，首先是组长，负责规划任务的分配；其次是编制工作底稿的人员，根据提供的文件资料，完成相应科目板块的审计底稿；第三是数据分析及整合资料的人员，面对检查结果和计算出的数据，分析本年度该公司存在的问题，并提出整改建议。当教师发出"开始"的信号时，大家开始工作。2 小时后，教师发出"停止"的信号，大家需马上放下手上的工作。学生将做好的底稿进行汇总，统一由组长上交。然后各小组的组长互换检查同一家公司的两组资料，组织检查对方的工作成果，并给出评价和建议。最后，实践结束后让学生填写实践活动满意度调查表，针对此次活动中的各项安排进行打分评价，并提出此活动需要改善的建议。所有同学都认为此次实践教学让他们更加深入地了解了审计工作过程。例如，首先需要了解我们审计目标，以及如何一步一步地开展工作，须有计划地进行。其次，学生学习到如何自主地发现问题，主动思考解决问题的对策，审计非常重要的一个环节就是发现问题，此次实践活动能够很好地培养学生这一能力。生态教育认为，学习者和周边环境之间的相互作用，是理解学习内容的关键。通过协作的学习环境，能让学习群体共同完成对所学知识的意义建构。最后，让学生能够将书本上的知识融会贯通，本次活动所需要的知识贯穿整个学习过程，也能更好地让大家查漏补缺，补齐短板。而本文采用的支架式教学案例，在一定程度上能够激发学生的学习积极性，提高他们在课堂上的主动参与度，使课堂氛围变得活泼起来，培养学生的协作精神，实现高校本科课堂生态教育目标。

（6）评价"生态教育"的实践效果

① 拓宽学生的知识面和阅读量

生态教育强调利用各种信息资源来支持学生"学"，而并非是一味地支持教师"教"。因此可以给学生介绍审计相关的书籍、网址或是公众号，要求学生课后定量阅读，并于每个月进行一次阅读总结汇报。教师针对学生上交的作业进行批阅和指正。

② 鼓励学生进行自主性学习

学生在学习审计学的过程中，往往是为了应付考试进行应试学习，很难真正掌握相关知识，更不用说灵活地应用到实践中，缺乏对知识点进行系统化的理解消化。生态教育学习理论把学生放在了核心位置，学生是认识的主体，并且积极地对知识的意义进行建构，而教师只对学生起帮助和促进作用。教师可以在每一章节教学任务完成后，安排学生做章节框架梳理总结，这样能够让学生自主参与到学习过程中，也能够让学生更加系统、深刻地理解所学内容。

③ 讲授方法多样化

传统的教学方法是教师作为知识的传授者，进行灌输式教学，学生与教师的互动交流较少，课堂学习氛围不够积极活跃。因此，教师在教学过程中，可以抛出一些问题进行课堂讨论，提高学生的参与度，实现教与学的互动。此外，审计学的内容较为零散琐碎，教师应当做适当的总结，使得学生形成一个完整的学习体系，将前后的知识串联起来，让学生更加清晰化、条理化，加深对审计知识的理解和掌握。

④ 课堂讲授与案例实践相结合

在传统的课堂讲授中，由于课本内容枯燥乏味，因而不能使学生建构知识的意义。而生态教育认为，学习总是与一定的社会文化背景，即"情境"息息相关的。案例教学就是通过创设一个具体的情境，引导学生自主探索。这样的教学模式有利于学生联系课本知识，激发学生的学习兴趣，针对已有案例进行设计改进，生成一套适合学生实践的典型案例。

在案例选取过程中，需要与所教授的知识紧密结合，尽量选取新颖的案例，并且具有可操作性，学生容易上手。案例实施时，提前将案例分配给学生，给出分组标准，让学生自主进行组队和分配任务。除此以外，教师还需在操作案例前，给学生复习相关审计理论，并给出一些任务，让学生在实践过程中完成。最后，针对每个学生出现的问题，分别进行指导教学，因材施教，使得每个学生都能在学习实践中有所收获。

9.3.3 结语

构建生态教育支架教学模式，可以激发学生主动地投入到审计课堂中来。主要可以分为三个方面：①站在学生的立场，他们比较认可以支架式为主的生态教育教学方式，是由于他们偏爱这样一种具有较高的参与性、更有成就感的教学方式；②在教学层面，在生态教育理论指导下，全部教学行为都是以学生为主体，以此为核心进行的审计教学实践课；③从课堂的教学结果来看，在大学审计教学的过程中，老师采用框架式的教学方法，可以更好地解析自己的知识，掌握教学要点和教学步骤，从而为学生在现有的知识体验和潜能所能实现的程度搭建一座桥梁。

9.4 金融生态教学案例

9.4.1 金融教学特点及教学现状

金融学科是一门涉及银行、证券、保险、信托等与经济有关的机构、交易工具的复合性学科，其复合性决定了教学的复杂性和广泛性，要求学生对各种金融机构、金融工具、金融交易方法都要有一定的了解与掌握。金融学研究价值判断和价值规律，它致力于对各种金融市场的波动走向进行提前预判和推测，并提前进行相关的金融操作，利用价值规律、金融市场变动规律来创造资金的时间差、信息差，在将来某一段时间进行例如抛售的操作，从中获取高额的投资回报。

1. 金融教学特点

金融的发展是随着经济社会的发展而不断进步的，金融的学科知识体系也是跟随世界经济变化不断深化、拓展的，这就要求金融教学要以开阔包容、创新变化、与时俱进的心态，不断在教学中调整自身的教学内容，跟上世界经济形势的变化。同时，金融对国民经济具有重要影响，引领金融教学与中国式现代化结合是国家和时代共同的需求，金融教学应与课程思政相结合，教育部关于印发《高等学校课程思政建设指导纲要》的通知中明确指出了各类专业课程的思政要点。其中经济学、管理学、法学类的课程思政特征是：在马克思主义的指引下，使学生对有关专业和行业领域的国家战略、法律法规以及有关的政策有一个准确的了解，能够关心实际的问题，培养学生经世济民、诚实服务、德法兼备的职业素质。但这些思政元素，有的在实验课程中表现得较为明显，有的则隐藏在深层，这就需要教师去发掘、发现和设计，让课程思政和知识技能的传授齐头并进，产生协同作用。

金融教学具有复合性，理论教学与实验教学并重，理论教学部分将金融学科进行分支，按照宏观金融学、微观金融学进行入门，为学生打好金融学的基础后，再讲授货币银行学、保险学、证券投资学等其他分支的金融学。在实验教学中，将金融实验的种类划分为交易金融工具、创新金融产品、财务分析、投融资等。实验教学开展的方式主要有三种，分别是网上模拟实验、课堂模拟实验和证券市场实地模拟实验。

金融教学需要与国家教育提倡的应用型、复合型、技能型人才的要求相适应。"纸上得来终觉浅"，因而培养金融技能是金融教学中必不可少的环节。金融技能是一项需要长期训练、重视脑力、对信息变化敏感、具有前瞻性眼光、有良好心态的技能，金融技能是检验金融教学成功与否的关键指标，金融教学要具有实践性、应用性、技能性，才能培养出创新型金融人才。

2. 金融教学现状分析

（1）"教为中心＋知识传授"为主流课堂模式

传统教学中，教师几乎主导课堂的全部流程，知识传授是课堂的核心内容，学生独立进行知识建构的过程较少。同时存在"照本宣科"现象，大部分教师围绕教学大纲进行备课，制作 PPT 作为授课的辅助工具，大部分教师都照着 PPT 的内容念，将既定的课本知识内容传授给学生，没有太多与国际金融热点知识连接的课堂拓展。长久以往，学生会视课本知识为"圣贤书"，却忽视了"窗外事"。而金融恰恰就是一门注重时效性的学科，要求与最新的经济资讯衔接起来，经济日新月异瞬息万变，教学必不可能一成不变。如果没有根据经济变化进行相应的增减调整，适时加入最新经济热点，只会陷入教学困境，徒劳无功。

（2）实验教学成效不佳

前文介绍了三种主要的实验教学方法：网上模拟实验、课堂模拟实验和证券市场实地模拟实验。虽然实验有助于学生从实践中获得对金融知识的感悟，学会一些金融技能，但这三种方法都有各自的缺点。网上模拟实验和课堂模拟实验的实验环节设计一般是遵循特定模式，实验环节还有各种因素都是固定的，不会涉及现实交易中可能出现的突发状况，因此学生进行实验只会是在一切因素都完美的情况下进行的实验，当遇见突发风险或者特殊情况时，学生的应变能力难免不足，缺乏处理突发事件的经验。而证券市场实地模拟虽然可以弥补前面两种方法的不足，但是组织起来难度较大，不是所有的学校都有条件组织学生前往证券市场进行实地模拟。证券市场也要对学生来进行模拟设计相应的模拟实验，现实中的证券市场是瞬息万变的，金额也是很庞大的，对学生来说操作起来具有很大的难度，因而如何根据学生的能力来设计实验也是一大难点。

另外，金融实验课程的种类主要有：金融工具交易类、金融产品创新类、财务分析类、投融资类等。其中有的适合做虚拟仿真实验，有的适合小组研讨，各类实验课程之间存在明显差异，且普遍存在学时紧张的问题。金融实际操作的难度大，学生的学习效果普遍一般，并且学习成果难以衡量。

（3）重视理论教学，轻视实验教学

理论教学和实验教学相比难度较低，教师备课花费的时间更少，付出的精力也更少，因此在本科课堂中，大多数是以理论教学为主，实验教学为辅的教学模式。但在这种教学模式中，教师为了节省时间、提高效率，普遍重视理论教学，轻视实验教学。在有限的教学时长里，理论教学是更高效、耗时更短、更省事的教学方法，大多数教师愿意在理论教学上多花时间功夫，却在实验教学中一笔带过，认为只要安排一两节实验课便能完成教学目标。但恰恰相反，实验教学是金融教学中必不可少的重要环节，学生走向社会后更多依赖的是从实验教学中习得的金融技能。

9.4.2　金融教学与生态教育融合的重难点

生态教育强调学生的自主学习，以学生为中心开展课堂，金融教学与生态教育融合，应从理论教学和实验教学这两方面入手，二者都是金融教学的组成部分，如果只侧重针对一个部分与生态教育融合，都难以使金融教学与生态教育真正融合在一起。

1. 理论教学部分

（1）强调意义的建构

理论教学是学生能够自行建构意义的主要环节，教师应该把握好理论教学的课堂，在备课的时候创设一些有利于学生自行思考、探索金融理论知识的意义建构过程的情境导入。而这些情境不仅要足够吸引学生，情境的复杂程度也要考虑学生的学习能力和水平，让大部分的学生都能够靠自己的思维，独立自主地在情境中完成对金融名词、理论的意义建构。学生能够对知识进行意义建构，比传统的教师一味讲授，学生只能听讲的模式要更深刻，学生从课堂的"接受者"到"创造者"的身份转变，更能调动他们的课堂积极性和参与性，使他们对金融知识的印象更深刻。

（2）坚持协作学习

理论课堂主要是以线下讲课的方式在教室开展的，这种面对面的课堂环境有利于开展小组合作任务、小组讨论。在生态教育以学生为中心的自主学习模式下，学生自身的局限性容易导致对知识的建构不全面，也容易脱离与实践的联系。协作学习就能够克服这个缺陷，学生之间通过组建团队、划分小组等形式，开展协作学习。教师布置相应的金融学习任务给小组，小组成员之间通过交流协作，了解自身的不足，吸取他人优秀的观点，完善个人知识的建构。而如何设计小组任务、设计小组合作学习的方案就是教师首要考虑的问题。教师要把握一个度，让每一个小组成员都能充分参与到协作学习中来，每一个小组都有能力完成小组任务，而这个小组任务又能够促进所有学生进一步完善、完成对金融知识的意义建构，完成教学目标。

（3）紧密连接金融市场

金融课程是以金融市场所发生的一切来提取知识点创建的课程，金融课程的开放创新性极强。金融市场的发展变化是对社会经济发展状况的重要反映，网络信息技术的提升促使全球金融市场一体化进程加快，各国金融市场之间联系日益紧密，国际金融形势变化迅速。与此同时，越来越多的创新性金融衍生产品不断涌现，这些都在不断地冲击着现有的金融知识体系，要求金融课程教学内容要与时俱进。生态教育也高度重视对学生创新潜力的开发，学生在学习金融这种高创新性的学科时，更需要以开放创新的眼光去看待金融市场，才能有亮眼、创新的表现和学习成果。

2. 实验教学部分

（1）数智化融入教学

网络媒介是传统教育方式向生态教育转变的催生剂和必要条件，随着现代信息技术的进步，涌现出了非常多的教学资源和教学工具，使得课堂有了诸多可供选择的教学辅助工具。生态教育强调学生自主学习，学生的自主学习就需要借助网络资源提供的资源和工具，有条件的课堂还可以借助人工智能对金融市场实操进行教学，数智化融入教学，拓宽学生的学习广度和深度。由于现有的教学设备条件有限，目前主要以网上模拟实验为主。在实验教学中的网上模拟实验，就是学生可以利用网络资源进行生态教育学习的环节。现今有非常多的金融证券模拟交易学习软件、网站，它们尽可能对金融交易场所进行还原模拟，设计了金融交易的主要环节，让学生能通过这些模拟场景交易，加深对金融技能的自主学习。

但这些模拟交易软件和网站良莠不齐，需要教师提前选择、判断这些软件和网站是否适用于实验教学。同时，金融模拟环节大多是固定的，无法兼顾金融市场上可能出现的各种风险，或者由于天灾人祸造成的市场波动，这是不利于开发学生学习的创新潜力的。因而在学生进行网络模拟交易实验的时候，教师要适当引导学生，抛出一些突发性问题让学生进行思考，避免学生对网络模拟软件的固有环节产生依赖、形成惯性思维，培养学生开放创新地解决突发事件的能力。

（2）把握学生的学习过程

在实验教学环节中，教师处于一个"放手"的状态，让学生自行参与到实验中去，要求学生进行独立的实验探究，建构交易策略，创新实践。学生能够将现有的知识、信息、技能和方法进行有机的结合，突破传统的思维方式，进行变革创新，通过解决问题的讨论、资源信息的共享、知识的内化等方式，实现意义的构建。而教师在设计教学内容的同时，也要对学生在实验过程中可能遇到的问题进行提前预判。学生在开始实验前，教师带领学生回顾理论，提出启发性问题。在学生开展实验的过程中，教师要监控学生的学习过程，把握整体教学进度，实时、及时提供资源和方法指导，提供协作、解决问题的工具，帮助他们进行策略引导，组织并参与讨论。最后，教师要进行总结点评，出示拓展迁移的问题或情境，促使学生提高；学生需要通过小组讨论、自我评价、相互评价、巩固练习、提高思考能力。如此，金融实验教学才能与生态教育深度融合。

9.4.3　金融课程教学案例设计

金融课程设计的分支种类很多，本文选取《证券投资学》课程中的股票市场为例，股票市场是金融市场的重要组成部分，在股票市场进行实际操作也是金融专业的学生所必须学习的专业技能。基于对炒股技能的学习，我们利用东方财富 APP 的模拟炒股功能来进行实验。

1. 课前准备

教师让学生自行组成小组，每个小组成员在 3—4 名之间，成员不宜过多，因为账号只有一个，模拟炒股的每一步操作都应该是小组成员达成一致意见后才能进行的。4 人以内的小组方便交流，以最高的效率达成一致意见，完成对模拟炒股的各种操作。每个小组自行注册一个模拟炒股账号，进入东方财富 APP 的模拟炒股功能，每个小组的初始投资资金为 20 万元，实验期限为周一到周五，一共五天。每个小组要选定一位组长负责每天组织小组交流炒股心得和意见，同时在五天内小组成员自行安排顺序轮流担任记录员，每个人至少要担任一次记录员，类似于"值日生"，负责记录小组成员的讨论内容并操作炒股。

在开始模拟炒股前，教师应当花至少一节课为学生介绍有关炒股的相关知识，如买入、卖出、撤单、委托、持仓等相关的操作概念和操作过程。教师可以从基本面研究和技术面分析两个方面来介绍，并普及有关股市变动的案例知识，为学生进行实验操作打好理论基础。教师还可以教授学生一些技巧，比如查看感兴趣的股票的往期走线图、K 线图，关注最新的金融资讯、国际形势变动等。

教师在组织学生进行模拟炒股实验前，应当试验一下东方财富 APP 的模拟炒股功能，熟悉这个功能，以便了解该功能的优点和缺陷，在实验过程中尽可能减少模拟炒股功能的缺点和漏洞对学生开展实验的负面影响。同时教师还可以通过实践检验一下该模拟炒股功能对自己学习炒股技能的助益，以此来判断该功能对培养学生炒股技能的效果如何。

2. 案例实施

周一开盘之后要求每个小组在第一天都必须有持仓，小组成员要对当天以及未来要买入、卖出、撤单、委托、持仓等操作进行讨论，每一步操作都要有详细的记录，还要记录买入或者卖出的股数、价格。每天的炒股操作由当天的记录员来实施，当天的记录员要写下进行每一步操作的原因以及个人对当天操作炒股的心得感悟。在每日收盘时，要对小组当日进行操作的股票的价格走势图进行截图，方便回忆当日的股票走势。每天的记录就形成一本"炒股日记"。

周五收盘时要求小组统计所剩下的投资资金数额，小组成员根据本周的"炒股日记"，自行分析讨论本周炒股操作的一些做得好的地方和不足之处，可以结合本周的经济资讯和金融市场波动进行分析股市波动的宏观原因、微观原因。再对小组周五收盘后仍持仓的股票的下周走向做出预测，说明做出预测的具体原因，以及小组下一周对该持仓股票要进行的操作。将上述的内容做成 PPT，在下一节课上汇报展示，汇报展示时间控制在 5—7 分钟以内。

在汇报课开始之前，让每一个小组准备一张 A4 纸。汇报展示时，每一个小组都要对其他小组剩余持仓股票的预测进行评价，提出自己小组的预测和将来操作，以及做出预测和操作的理由。教师在学生进行汇报展示的课堂上要进行控场，对每一个小组的汇报内容、炒股表现进行点拨和评价，要注重对能力、行为和过程的评价，而不是视炒股结果的成功与失败为评价的标准。最后小组汇报结束后，教师可以选取所有小组中剩余持仓股票的发展可能性两极化最大的那一组，以这一组的剩余持仓股票为讨论要点，给每一个小组 5 分钟的讨论总结时间，形成小组的结论。让每一个小组派出代表，阐述他们对这一组的剩余持仓股票的预测操作和原因。在每一位小组代表阐述想法后，教师要适当地做出评价、提出意见。最后，教师要从剩余持仓股票的涨和跌两个方向，分别总结每个小组的意见，对这些意见进行补充，提出一些学生没有思考到的方面，扩宽学生的思考广度和深度，使学生的炒股思维得到进一步的优化。

9.4.4　教学效果分析

1. 案例效果分析

该案例的优点是能够培养学生的炒股技能，使学生对股票市场、股市操作有一定的了解和学习。学生在五天的炒股过程中，不仅学习了如何看股市走势图、K 线图，如何进行委托、买入、卖出等基本的股市交易行为，而且以小组合作的方式开展模拟炒股实验，小组成员之间通过讨论交流来决定炒股的下一步操作，有利于学生进行思想交流和碰撞，学习和了解他人的优秀观点和想法。"炒股日记"的记录方法让每一个学生都能参与到实验中来，保证了所有学生的参与率，增加学生的成就感。

在课堂汇报的环节，教师不以炒股结果的好坏来评价学生，而是重视炒股的过程，这体现了生态教育重过程轻结果的教学理念。炒股并不是一帆风顺的，也没有人会一直炒股成功，最重要的是让学生在炒股过程中积累经验、锻炼心态，这种评价方式能够让学生以良好健康的心态去炒股，而不是患得患失、畏首畏尾。经管类的工作大多数压力大，因为市场波动大，经济形势变化快，要求从业人类具有强大的抗压能力和心理素质，而抗压能力和良好健康的心理素质恰恰是理论教学所不能培养出来的，而在社会生活中又是极其重要、宝贵的。但这一案例也具有不足之处。

（1）教师难以监控实验过程

在周一到周五股市交易日中，教师难以监控到每一个小组的交易操作，无法在这段时间内给出适当的指导、引导、点拨，学生自身能力不足，无法根据股市波动进行适当的操作，有可能会出现忙盲操作现象，没有理由和根据，随心情和感觉而进行实验。如此可能达不到预期的实验效果，适得其反。

（2）小组讨论效果难以保证

虽然小组成员数量控制在 4 人以内，但是在讨论每一天的炒股操作中，可能个别成员不活跃、不积极，小组的炒股决策都是由具有主见的小组成员来提出的，就可能出现一人的意见独大，小组变成某一个人的专制小组的现象。而且，小组成员讨论的过程中难免出现意见分歧，大多数情况是少数服从多数，但是学生自身的能力本身是有限的，可能占多数的一方的投资建议没有少数一方的意见好，造成小组讨论结果不佳的现象。

2. 案例改进对策

首先，教师可以增加一个环节，每日检查小组的"炒股日记"，虽然这个环节会增加教师的工作量，但是教师可以从小组的"炒股日记"中观察、了解每一个小组当日的交易具体情况，然后可以及时对这些小组的操作进行一些点拨和指导，可以防止一些小组消极实验，将一些走偏的小组引回正轨，而这个度就是教师所要学习把握的，要做到既能启发学生，又能保证学生接下来可以更独立自主地进行实验。

其次，小组可以增加一个组间互评的环节，小组成员之间互相评价除自己以外其他成员的表现，而这个评价指标可以分为三个方面：讨论的积极性、发言的启发价值、个人任务的完成程度。这三个方面从 0 到 10 分进行打分，打完分后交给教师。对个别分数低的成员，教师可以在课堂汇报环节单独让其进行展示，汇报其一周以来的炒股过程和感悟心得。如此可以保证小组成员都参与到小组讨论、小组任务中来，也不失公平和效率。

3. 结语

生态教育强调以学生为主体开展课程教学，本文设计的案例是以学生为中心开展的实验教学，实验过程都是由学生亲自操作，学生运用所学的知识理论来进行炒股，从中收获宝贵的经验，锻炼了心态，经验和心态都是理论教学难以培养出来的，彰显、发挥了实验教学的优点。在实验过程中，学生可以通过网络搜索了解最新的经济资讯，运用东方财富 APP 这一网络资源进行实验，完成生态教育所提倡的学生自主学习、自主思考的学习方式。学生具有极大的自由和操作权，他们的积极性、兴趣都被调动、激发起来。本文的案例可以为金融教学与生态教育融合提供一些建设性的参考和启示。

第 10 章　高校生态教育实施策略研究

　　生态教育是教育的一种新形态，其核心在于以科学的生态观和教育观来认识、开展教育，使受教育者得到自由、全面、协调和可持续发展。本章在构建生态教育理论体系，对高校生态教育现状进行调查分析，对传统教育与生态教育进行比较研究，以及对高校生态教育案例进行深入研究的基础上，提出高校生态教育实施策略，以利于高校生态教育的实施，推动生态社会的早日实现。

10.1　创新教育理念，明确生态教育发展方向

　　传统工业文明教育模式，依据的是行为、表征主义，强调的是以教师为主体，知识为导向，重"教"轻"学"、重知识轻文化、重专业轻素质、重智力轻体力，存在严重的功利化倾向。并且，主要是通过教师向学生传递知识的方式来开展教学活动，学生成了盛放知识的容器，其学习的主体性、主动性、积极性和创造性不可避免地受到抑制。因此，按照传统工业文明教育理念开展教育教学活动往往会导致人的异化、畸形化和非人化，且学习效率低下。而生态教育依据的则是生成和建构主义，以及生态文明观，认为知识是不能够通过传递的方式获得的，知识传递只是表面现象，传递的知识只有经过学生自身原有的认知结构系统梳理、认证和接纳，方能成为其"自己的知识"，也只有这样的知识才是有价值、有意义真正的知识，才能够与学生已有的知识结构有机融合，更新、升级为新的知识结构，

并与现实生活相联系，做到举一反三，灵活运用，创新创造。生态教育观还认为，对人的培养不能只重视其知识、专业和智力的培养，还应重视其文化、素质、道德、审美和体力，以及生态意识、生态伦理和生态能力的培养。如此，才能将学生培养成自由、全面、和谐、可持续发展具有生态自觉的人，才能够符合生态文明发展的需要。

10.2　构建新型师生关系，奠定生态教育基础

构建新型的师生关系，即摒弃传统工业文明以教师为主体、教师是课堂的主人、教师包办一切的教学模式，树立"以学生为主体，教师为主导"的教学原则。"以学生为主体"，即教师通过创设相应的教学情境，引导学生自主探究、体验知识的发现、创造过程，通过生生、师生对话与协作、相互碰撞，获得解决问题的思路与方法。在此过程中，学生借助于各种相关学习资源，通过自身原有的知识结构、经验和能力，采用探究的方法，透过事物的现象，深入事物的内部，深刻认识和把握事物的本质，赋予事物以意义，从而自主生成、建构新的知识，达到学习的目的。

"以教师为主导"则是指教师组织、引导、支持和帮助学生自主学习与探究，确保这一过程能够有序、规范、高效、有质量地进行，并且教师也作为与学生关系平等的一员参与到对知识的探索过程中。在此过程中，教师要注意把握"主体""主导"的界限，既不能越位，又不能僵化。所谓不越位，就是指教师要放手学生自主学习、自主探究，不能越俎代庖，代替学生求知与探索，为学生提供现成的思路、方法与答案；所谓不僵化，就是在学生探索过程遇到障碍，难以逾越，教学陷入停顿时，教师必须及时出面恰到好处地对学生进行提示或引导，打破僵局，推动学生的求知与探索向前推进。"主体""主导"二者的关系、作用的大小，不是一成不变的，而是呈反比关系，应根据课堂情况及时进行调整，"主体"的作用越大，"主导"的作用就越小；反之亦然。价值取向应指向"主体"在教育过程中的作用，这是由生态教育价值观导向所决定的。

构建科学、合理的师生关系是推动生态教育持续发展的基础，缺少这一基础生态教育将难以为继。

10.3　创设具有启发性的教学情境，激发生态教育活力

生态教育知识观告诉我们，知识具有情境性，是一定历史社会文化背景下的产物，是特定环境中的产物。缺少具体的情境知识就无法产生，也不具有普遍、必然的真理性。因此，在教学过程中，应改变传统教育忽视情境单纯传授知识的做法，充分运用数字化、多媒体、人工智能等现代化教学手段，创设出三维动态，具体、生动、逼真、富有启发性的情境，将知识与其产生的情境相融合，这样，才能够充分激发学生学习、探索知识的兴趣和热情，才能够使其具有身临其境的感受，从多个感官与情境进行动态性、立体化、全方位的互动，在互动中把握事物的性质、特征、发展方向、相互联系、因果等逻辑关系和内在规律。这也体现了沉浸式、具身认知教学的特色所在。通过这样教学所获得的知识才具有实际意义和生命力，才能够真正化为学习者的血肉，成为有机体的一个组成部分。

创设教学情境，开展情境式教学，是生态教育的一个重要环节，不仅强化了学习的直观性，而且，活跃了课堂气氛，增加了师生的体验感和参与感，增强了课堂教学的活力。

10.4　注重因材施教，提升生态教育品质

与传统工业文明教育相比，生态教育更加注重因材施教，注重对学生的个性化培养。生态教育知识观认为，知识是认知主体通过自我建构获得的，认知结构因其主体生物基因及自身经历不同而各不相同，故在学习过程中，尽管学习的是相同或类似的知识，但认知主体获取这些知识的方式、方法及过程不尽相同，因此，对学生不可能也不应该像对待生产线上的产

品一样，严格按照标准进行整齐划一的培养。恰恰相反，要在尊重其个性特征、兴趣爱好、认知能力及特长的基础上，结合其独特的生活阅历，进行差异化培养，强化不同学习者的个性、思维方式、生活阅历等自身内外部的优势，通过有意识、有针对性的强化训练使其优势转化为各自不同的能力。在此情况下，学生通过自身个性化的思维和独特的方式获得的知识尽管带有共性，但因其获得的方式、方法和过程各不相同，对其理解和把握也有所差异，这样获得的知识也就具有了个性化的特征，具有了创新性和创造性，同样具有独特的价值和意义。

通过因材施教、个性化的培养，将学生的个性特征、兴趣爱好、认知能力和特长及所具有的内外部优势，通过有针对性的强化训练，将其转变为学生的能力，对于培养学生的创新、创造能力，提升生态教育的品质具有重要的意义。

10.5　强化活动意义，开发生态教育综合育人功能

生态教育认为，活动（实践）在建构知识的过程中具有不可或缺的作用。认识是认知主体通过活动（实践）与外部世界相互作用的结果，活动（实践）是人与外部世界联系的中介和沟通的桥梁，也是获得知识的源泉，检验真理的尺度和实现其价值的途径。正是通过包括交流、互动、合作、实验、实践等在内的各种活动（实践），人与人、人与社会、人与自然之间建立起了密切的联系，从而为人认识自身、人类社会及自然界提供了可能。同时，也进一步提高了人的活动（实践）及认知能力。相较于传统工业文明教育重在对知识的消化、积累和体系的建构，生态教育更强调解决实际问题、开拓新的前人未曾涉及的领域，提高自主认知的能力。因此，生态教育需要在更多的场合，更大、更复杂的领域，开展更加具体、深入、细致的活动与实践，如此才能引导学生做到知行合一、知行转换、知行并进，提高自身的综合能力。

10.6 促进专业教育与素质教育融合，丰富生态教育内涵

专业教育是世界各国高等教育普遍采用的模式，它适应了现代科技及工业社会分类越来越细，作为个人不可能穷尽所有学科门类这样一个事实。然而，高校在专业教育的过程中，如果不能和素质教育联系起来，单纯实施专业教育，势必会造成人的畸形发展，违背生态教育所主张的教育应促进人自由、全面、协调、可持续发展的根本宗旨。从生态教育价值观出发，要有效解决专业教育带来的难题，就必须高度重视学生素质的全面发展和提高，在对其进行专业教育的同时，有意识地将专业教育与素质教育有机融合起来，在专业教育中贯穿、渗透素质教育。当然素质教育仅仅依靠课堂教育是远远不够的，必须将课堂教育与课外教育、学校教育与自我教育、专业教育与个人爱好、提高智商与提高情商、学习与生活、做人与做事结合起来。具体而言，就是要结合不同的专业教育内容，采用适当的方式，有意识地培养学生正确的世界观、人生观和价值观，培养学生的职业道德、团队精神和责任感，鼓励学生通过各种方式学习哲学、历史和社会等人文知识，学会欣赏各种文学艺术作品，积极参加各种社团、社会公益和文体活动，以提高自身的文化修养、审美情趣，促进身心健康，涵养博爱之心。还应鼓励高校学生，关心时事政治、关心身边及社会的动态，做到"国事家事天下事事事关心"。此外，还应结合专业教育，培养学生的生态意识、生态伦理及生态能力。如此，学生在学习专业知识、提高专业能力的同时，自身的其他各种人文素养也随之提高。反过来，随着其他各种人文素养的提高，又促进了专业知识的学习及能力的提高。总之，专业教育与素质教育之间，应该形成一种良性循环，即二者相互交融、相互支持、相互促进，共同发展，从而促进教育生态价值观的全面实现，促进人的全面发展。

10.7 运用多元评价方式，赋能生态教育高质量发展

以传递知识为目的的传统工业文明教育模式，往往侧重于对知识掌握

的多寡、对错进行评价，且主要由教师评价，评价方式较为单一，难以对教学状况作出全面、科学的评估，不能有效地促进教育质量的提高。而以知识建构为目的的生态教育模式，则主张要超越对掌握知识的单一评价，进行多元化的综合性评价。不仅要有客观评价、定量评价和结果评价，还要有主观评价、定性（价值）评价和过程评价。不仅要有教师的评价，还应该有学生自身和同学共同参与的评价。主观评价、定性（价值）评价不仅能够弥补客观评价的不足，更全面地掌握教学效果，而且还能够不断明确教育的价值导向，避免因对"工具理性"的过分追求而忽视了对"价值理性"的追求；学生自身及同学共同参与评价使之更能体会和强化自身的优势，发现和弥补自身的不足，相互取长补短，相互促进，共同提高。从而推动生态教育的高质量发展。

10.8　大力推进数字化教学，实现生态教育现代化转型

数字技术是提升教育质量强大的助推器，并且随着其突飞猛进的发展，其助推功能将变得更加完善和强大。所谓数字技术是指与电子计算机相伴而生的科学技术，通过借助一定的设备将各种信息，如图、文、声、像等，转化为计算机能识别的二进制数字"0"和"1"后，进行运算、加工、存储、传播、还原的技术。数字技术种类很多，主要包括大数据、云计算、物联网、区块链、人工智能及集成这五大技术的元宇宙。数字技术现已遍布人类生活各个角落。本书仅围绕数字技术与生态教育相融合，探讨如何助力教育水平的提高。

其一，数字技术为情境创设提供了强大技术保障。根据生态教育观，情境是问题产生的具体环境，是知识建构的前提。生态教育可以通过数字技术营造出各种不同且逼真的情境，全方位、多角度、动态化、立体地展现在学习者面前，使之有身临其境的感觉，提升学习者在学习过程中的沉浸感和具身认知并与情境展开互动，弥补现有课堂教学中学生"参与不足"的短板。这对于调动学生的学习兴趣、好奇心与求知欲，激发其内生动力，

促使其自主学习与探究打下良好的基础。

其二，数字技术具有强大的模拟、仿真功能，既可以对单个事物的发生、发展过程进行动态模拟，对事物的运动、发展、变化进行多维度、全方位、立体化的展示；也可以通过改变外部环境因素对该事物产生的作用进行模拟；还可以对多事物相互间的影响进行模拟。不仅如此，还可以对某个事物的组分进行拆解、分离、组合进行模拟。从而使学习者能够通过直观、可感的方式，清晰、全面、深入、细致地把握事物的构成、性质、特点、发生、发展规律，以及事物与事物之间的相互影响，加深对事物本身、事物之间关系的认识，提高认识复杂事物的能力。此外，师生还可以借助模拟、仿真技术与模拟的事物或场景进行互动，将自己的设计方案、应对策略输入计算机，以验证其效果；甚至可以将学生分组设计不同的方案，通过模拟、仿真技术相互间进行对抗与竞争。这对于完善与巩固学生所学知识，强化学生的实践，提高其研究、解决实际问题的能力具有极其重要的作用。

其三，数字技术为师生提供了海量便捷易得的学习资源，从而使学生自主学习、自主探究、自主生成建构知识和能力真正成为可能。以学生为中心，以对问题的探究为导向，自主建构知识与能力的生态教育，必须采取开放式教学，不受专业、领域的限制，不受现有知识的影响，这就需要各种跨领域、跨学科的海量资源以满足上述要求，而数字化则能够通过各种先进的存储、分类、整理、链接、查找等技术，优化教育资源配置，打破专业壁垒，方便快捷地为师生提供丰富多样的个性化学习资源。

其四，数字技术为自主学习、自主建构的生态教育提供无限可能。首先，ChatGPT 具有强大的文本储备、理解、生成、匹配、分析、优化能力，即通过海量的语言数据来获取知识之间的关联信息，并进行创新组合。不同学科之间的知识点的融通互促是向科学本质回归，助力学习者产生科学新的增长点和突破点 ①；其二，ChatGPT 提供超越单个领域、单个学科的知

---

① 罗琴，么加利. 人工智能时代研究生知识观的异化与重塑 [J]. 研究生教育研究，2022（1）：30–37.

识服务，使得学生通过人机协作的方式突破传统的知识生产路径，在更大范围、更大规模的知识生产中，建立起纵向新旧知识、横向跨学科知识的联系，孤立平面的知识结构会向着多元立体的方向发展；最后，ChatGPT能够优化智能服务的数据与算法模型，在交互学习的过程中了解学习者的学习需求、个性、能力和兴趣，实现大规模的个性化学习和培养。

结束语

    本书以中央"推动生态文明建设"和高等教育高质量发展精神为指导，以理性主义、非理性主义、建构主义、生态学，以及马克思主义异化理论及人的发展理论、发生认识论、人本主义心理学等为理论基础构建生态教育理论体系，在对高校生态教育现状进行分析，对传统教育与生态教育进行比较研究，对传统高校课堂生态进行改良和优化，开发设计生态教育典型案例基础上，打造符合生态教育要求的生态课堂，探索切实可行的高校生态教育实施策略，以推动生态教育的实施及生态文明社会的实现。

附录：调查问卷

尊敬的老师：

　　您好！我们正在进行一项关于高校本科课堂生态教育实际情况的调查，本调查问卷为匿名形式，想邀请您用几分钟的时间根据自己的实际教学情况如实填写问卷，感谢您的配合。

一、信息采集

　　1. 您从事本科教学时间（　　　）。

　　A. 不满 5 年　　　　　　　　B. 5—10 年　　　C. 10 年以上

　　2. 您给本科生授课的类别（　　　）。

　　A. 专业基础课　　　　　　　B. 专业选修课

　　C. 公共基础课　　　　　　　D. 公共选修课

　　E. 未承担本科生授课任务

　　3. 您的职称是（　　　）。

　　A. 助教　　　B. 讲师　　　　C. 副教授　　　　D. 教授

　　4. 您的年龄是（　　　）。

　　A. 30 岁以下　　　　　　　　B. 30—45 岁　　　C. 45 岁以上

二、问题

　　1. 您在备课时花费时间最多的是在（　　　）。

　　A. 研读课程标准和教材，寻找课外相关资料

　　B. 策划学生活动

C. 制作教学课件

D. 书写教学设计文稿（教案）

2. 备课时，您常考虑和反思的问题是（　　　）。

A. 学生的兴趣

B. 每节课的教学任务必须完成

C. 课堂活动的内容及形式设计

D. 落实新理念于教学中

3. 您在备课时，有否考虑创设问题情境来激发学生的学习兴趣（　　　）。

A. 全部考虑了　　　　　　　B. 部分考虑了

C. 个别考虑了　　　　　　　D. 没有考虑

4. 您对创设教学情境的重要性持有何种态度（　　　）。

A. 非常重要　　　　　　　　B. 一般重要

C. 不太重要　　　　　　　　D. 没有必要

5. 上课时，学生对您的课不感兴趣了，您会怎么样（　　　）。

A. 继续讲，完成教学任务

B. 及时调整教学方式

C. 让学生自习

6. 对于多媒体在课堂上的运用，您的看法是（　　　）。

A. 多媒体是课堂教学必需的工具

B. 多媒体只是辅助的教学手段

C. 多媒体可扩展教育资源

D. 不是所有的内容都必须用多媒体

7.（多选）在上课过程中您把握讲课节奏的主要根据是（　　　）。

A. 时间和内容的多少

B. 教材的难易程度

C. 学生的接受情况

D. 自己课前的预设方案

8. 您是否经常让学生上台讲，给其他学生当"小老师"（　　）。

A. 经常　　　　B. 偶尔　　　　C. 从不

9. 教学中您是否注重与学生的情感沟通和交流（　　）。

A. 经常　　　　B. 偶尔　　　　C. 从不

10. 您是否注意根据学生的不同情况，给予针对性的教学和辅导（　　）。

A. 经常　　　　B. 偶尔　　　　C. 从不

11. 课堂上，您最擅长的教学方法是（　　）。

A. 创设问题情境，让学生发现和提出问题

B. 以讲为主

C. 以活动为主

D. 以辅导学生自学为主

12. 您在课堂教学中使用频率最高的教学方法是（　　）。

A. 问题教学法讲述新知识

B. 展示教学目标，学生分组讨论，教师精讲

C. 让学生看课本，做练习

D. 教师主讲，辅以学生讨论、思考

13. 课堂教学是学校教育的主要渠道，生态教学是课堂教学方式之一，您了解生态教学课堂吗?（　　）

A. 非常了解

B. 有一些了解

C. 不太了解

D. 没有听说过

14. 您的课堂是否使用"对""错""是""否"等判断词对学生进行评价?（　　）

A. 经常使用

B. 偶尔使用

C. 很少使用或基本不使用

15. 在日常课堂互动过程中，您给自己的角色定位是（　　　）。

A. 知识传授者

B. 合作者

C. 课堂主导者与组织者

16. 在教学过程中，您认为师生互动对课堂的重要程度（　　　）。

A. 非常重要　　　　　　　B. 比较重要

C. 一般重要　　　　　　　D. 不太重要

17. 在日常教学过程中，您最常采用哪种互动类型（　　　）。

A. 教师-单个学生互动型　　B. 教师-小组互动型

C. 教师-全班学生互动型　　D. 学生-学生互动型

18. 您是否认为大部分的高校学生具备自主学习的能力（　　　）。

A. 是　　　　B. 否　　　　C. 不太清楚

19. 每节课结束时，您是否告诉学生下节课的学习内容并要求学生预习？（　　　）

A. 一般不　　B. 偶尔　　　C. 经常

20. 您的课堂以谁为主体进行授课？（　　　）

A. 教师　　　　B. 学生

21. 相较于传统教学方法，您认为"生态教育"的教学模式是否更能提高学习效率？（　　　）

A. 能够有效提高　　　　　B. 效果一般

C. 效果不太明显　　　　　D. 不能提高效率

22. 您认为生态教育教学法适合高校本科课堂吗？（　　　）

A. 非常适合　　　　　　　B. 适合

C. 不太适合　　　　　　　D. 不清楚

23. 您在课堂教学时是否采用过生态教育教学法？（　　　）

A. 是　　　　B. 否　　　　C. 偶尔

24. 在您的教学实践中是否借鉴了生态教育教学模式？（　　　）

A. 是　　　　B. 否

25.（多选）您认为生态教育对高校本科教学的影响是（　　　）。

A. 使学生更能在情境中学习

B. 能够引导学生进行自主学习

C. 提高学生学习的积极性

D. 有利于创造合作互助的学习关系

26.（多选）您认同以下哪种教学理念？（　　　）

A. 以学生为中心，形成教学活动中的学生的主体地位

B. 在教师的引导下，更加注重培养学生的自主学习能力

C. 通过考试检测学生对专业理论知识的掌握程度

D. 采用科研活动进课堂的方式，培养学生发现、捕捉和判断各种信息的能力，培养学生的创新能力

27.（多选）您认为推进本科教学改革应朝哪些方向努力？（　　　）

A. 丰富教学方式

B. 以学生为主体，完善课程体系

C. 评价形式多样化

D. 丰富课外实践形式

E. 其他

28.（多选）您认为完全让学生自主学习会有哪些缺陷？（　　　）

A. 学生对知识了解片面

B. 老师较难掌握学习进度

C. 学习自控能力差，效果不理想

D. 课程难以进行

E. 创设学习情境，让学生主动参与

29.（多选）您怎样引导学生开展自主学习？（　　　）

A. 将学生分成小组进行讨论、思考

B. 让学生列出预习中遇到的问题，而后集中讲解

C. 学生有问题时，随时指导

D. 提出具体的学习要求，在学生学习有障碍时给予指导

30. （多选）您认为提高课堂教学质量的有效措施是（　　　）。

A. 充分调动学生积极性，参与课堂活动

B. 增加测试的次数

C. 在教学中注重细节的研究

D. 提高驾驭课堂的能力

亲爱的同学：

你好！我们正在进行一项关于高校本科课堂生态教育实际情况的调查，本调查问卷为匿名形式，想邀请你用几分钟的时间根据自己的实际情况如实填写问卷，感谢你的配合。

一、信息采集

1. 你目前的年级是（　　　）。

A. 大一　　B. 大二　　　C. 大三　　　　D. 大四及以上

2. 你的性别（　　　）。

A. 男　　　B. 女

3. 你的专业类别（　　　）。

A. 理科　　B. 工科　　　C. 医学　　　　D. 人文艺术

E. 经济管理

二、问题

1. 在课程开始学习前，教师是否会设置足够的时间为学生设计有代入感的学习情境（　　　）。

A. 经常　　　B. 偶尔　　　C. 几乎没有

2.（多选）教师通常会采用什么方式为学生创设情境进入学习（　　　）。

A. 视频　　　B. 图片　　　C. 案例

3. 你是否听说或了解生态教育（　　　）。

A. 是　　　　B. 否　　　C. 不清楚

4. 你对现在老师的授课方式认可吗？（　　　）

A. 还可以

B. 不太习惯

C. 无所谓，对我来说都一样

5. 你认为小组合作讨论的效果如何？（　　　）

A. 效果不错，对问题掌握很清楚

B. 效果一般，帮助不大　　C. 没有效果

6. 你会在课堂上积极参与讨论吗?(　　　)

A. 不会,因为我害怕说错,同学们笑话我

B. 会,可以提高我分析问题的能力

C. 看情况而定

D. 每次都是那几个人讨论,没有全员参与

7. 你如何评价你的课堂效率?(　　　)

A. 课堂效率很高

B. 一般般

C. 效率比较低下

8. 你认为能促使你综合成绩提升,最关键的是什么?(　　　)

A. 需要老师特别的帮助

B. 需要很多的时间来独立思考问题

C. 需要和同学有讨论的时间

9. 你觉得在当前教学中,是否注重培养了你的合作学习意识和能力?(　　　)

A. 十分注重　　　　　　B. 一般　　　　　　C. 不明显

10. 下述教学方式,你更喜欢哪一个?(　　　)

A. 老师全程灌输式教学

B. 自学

C. 小组协作讨论学习

D. 老师引导,自己探究式学习

11. 在本科学习阶段,你与老师的互动多吗?(　　　)

A. 总是　　　B. 经常　　　C. 很少　　　D. 从不

12. 在课堂上,你愿意配合老师互动的原因有哪些?(　　　)

A. 互动内容自己感兴趣

B. 老师的课堂互动氛围活跃

C. 互动内容对自己有益

D. 互动内容联系实际生活

13. 在上课过程中，以下哪个环节老师与你们互动最多？（　　　）

A. 老师讲解理论知识

B. 学生回答问题并提出质疑

C. 小组合作练习环节

D. 课后总结评价环节

14. 教师在课后通常使用什么方式来评价学习成果？（　　　）

A. 个人汇报　　　　　　　　B. 小组团队汇报

C. 测试试卷

15. 当你无法回答老师对你所提出的问题时，老师经常采取的做法是（　　　）。

A. 请你坐下，等你思考好了再回答

B. 让你说出已有思考，并从中了解你的思路，帮助找出思维中的障碍

C. 让别的学生继续回答

D. 其他

16. 老师在课堂上提出问题，让同学思考回答时，老师常常（　　　）。

A. 帮助学生阐明问题的本质，让学生根据自己已掌握的知识解释问题

B. 抛出问题，等待学生举手回答

C. 直接说出答案，并对答案做出解释

17. 在学习过程中，你愿意自主地去思考问题和探索知识吗？（　　　）

A. 非常愿意　　　　　　B. 一般　　　　　　C. 不愿意

18. 你认为主观能动性对大学生是否重要？（　　　）

A. 很重要　　B. 比较重要　　C. 不太重要　　D. 不重要

19. 你认为以下哪项和贵校的本科教学模式相符合（　　　）。

A. 就某一课题结成小组，在大量调查研究的基础上与教师自由地进行学术探讨，从而达到教学和科研的双重目的

B. 教学模式中的小组讨论仅为形式，学生并未在其中获得较多收获

C. 课堂教学形式单一，仅为老师在课堂上讲解知识

D. 教学与小组讨论相结合

20. 你喜欢以下哪种教学方式?（　　）

A. 教师为主体

B. 完全自学

C. 教师主导与学生主体相结合

D. 其他

21. 你认为以下哪种情况与你现在的学习方式相符合?（　　　）

A. 照着老师上课讲解的重点知识，去学习

B. 用已有的知识和经验去内化，理解新知识

C. 根据考试要求或大纲，进行自主课本学习

D. 其他

22. 本科课程的主要考核方式是（　　　）。

A. 小测验和考试

B. 考核评价贯穿在教学活动中，对学生的学习效果进行考核

C. 测验考试和教学过程评价相结合

D. 其他

23. 你认为课堂师生关系应该是（　　　）。

A. 教师是课堂的中心，教师讲，学生听

B. 学生是课堂的中心，学生积极参与，教师根据学生的反映随时调整
教学

C. 其他

24. （多选）你认为应该以教师为主体进行授课的原因（　　　）。

A. 教师是传授知识的主体

B. 教师具有课堂的权威

C. 教师决定课堂的效果

D. 其他

25. （多选）你认为应该以学生为主体进行授课的原因（　　　）。

A. 学生是接受知识的主体

B. 学生在课堂承担反馈者的角色

C. 使学生注意力更集中，最大限度调动学生的积极性、好奇心

D. 其他

26.（多选）你认为高校本科课堂教育存在哪些问题?（　　　）

A. 照本宣科，老师都是读课本读 PPT

B. 课堂互动少

C. 实践性环节少

D. 答疑环节少，不懂的没地方问

E. 课堂气氛不活跃

F. 其他

参考文献

［1］恩格斯.自然辩证法［M］.中共中央马恩列斯编译局，译，北京：人民出版社，1984：6.

［2］马克思，恩格斯.马克思恩格斯全集：第42卷［M］.北京：人民出版社，1979：96.

［3］吴鼎福，诸文蔚.教育生态学［M］.南京：江苏教育出版社，1990：2-3.

［4］黄志成.国际教育新思想新理念［M］.上海：上海教育出版社，2009：203.

［5］沈显生.生态学简明教程［M］.合肥：中国科学技术大学出版社，2012：1.

［6］马克思，恩格斯.马克思恩格斯文集：第3卷［M］.北京：人民出版社，2009：566.

［7］中国社会科学院语言研究所词典编辑室.现代汉语词典［M］.北京：商务印书馆，1996：640.

［8］辞海编辑委员会.辞海［M］.上海：上海辞书出版社，1990：1657.

［9］约翰·布鲁贝克.高等教育哲学［M］.杭州：浙江教育出版社，1998：10.

［10］朱智贤，等.心理学大辞典［M］.北京：北京师范大学出版社，1989：225.

［11］马克思，恩格斯.马克思恩格斯文集：第9卷［M］.北京：人民出版社，2009：439.

［12］黑格尔.哲学史讲演录：第1卷［M］.北京：三联书店，1956：78.

［13］罗素.西方哲学史（上）［M］.北京：商务印书馆，1976：32.

［14］胡塞尔.纯粹现象学通论［M］.北京：商务印书馆，1992：172.

［15］北京大学哲学系外国哲学史教研室.古希腊罗马哲学［M］.北京：商务印书

馆，2021：38.

［16］恩格斯.反杜林论［M］.北京：人民出版社，1999：18.

［17］柏拉图.柏拉图全集：（第 2 卷）［M］.北京：华夏出版社，2023：56–507.

［18］亚里士多德.形而上学［M］.北京：商务印书馆，1959：1.

［19］罗素.西方哲学史（下）［M］.北京：商务印书馆，1976：93.

［20］康德.纯粹理性批判［M］.邓晓芒，译，杨祖陶，校.北京：人民出版社，2022：导言第 1 页.

［21］马克思，恩格斯.马克思恩斯选集：第 1 卷［M］.北京：人民出版社，1972：47

［22］皮亚杰.发生认识论原理［M］.王宪钿，等译，胡世襄，等校.商务印书馆，2023：23.

［23］马里坦.文明的黄昏［M］.转引自万俊人《伦理学新论》，北京：中国青年出版社，1994：340.

［24］迈克尔·波兰尼.个人知识：朝向后批判哲学［M］.上海：上海人民出版社，2021：112.

［25］叔本华.作为意志和表象的世界［M］.北京：商务印书馆，1982：374.

［26］马斯洛.动机与人格［M］.北京：中国青年出版社，2022：74.

［27］维果茨基.思维与语言［M］.杭州：浙江教育出版社，1997：21.

［28］库恩.科学革命的结构［M］.金吾伦，胡新和，译.北京：北京大学出版社，2012：28.

［29］陈琦.教育心理学［M］.北京：高等教育出版社：2011：22.

［30］张建伟，孙燕青.建构性学习［M］.上海：上海教育出版社，2004：43.

［31］高文.教学模式论［M］.上海：上海教育出版社，2002：45.

［32］中共中央文献研究室.习近平关于社会主义生态文明建设论述摘编［M］.北京：中央文献出版社，2017：122.

［33］中共中央国务院关于加快推进生态文明建设的意见［M］.北京：人民出版社，2015：24.

［34］赵万里.科学的社会建构［M］.天津人民出版社，2002：30.

［35］周淑清.初中英语教学模式研究［M］.北京：北京语言大学出版社，2004.
11–12.

［36］冯建军.生命与教育［M］.北京：科学教育出版社，2004：45.

［37］冯建军.生命化教育［M］.北京：教育出版社，2006：2.

［38］郭思乐.教育走向生本［M］.北京：人民教育出版社，2001：197.

［39］庄子·内篇［M］.北京：中华书局，2011：17.

［40］马丁·海德格尔.林中路［M］.孙周兴，译.上海：上海译文出版社，1997：90.

［41］赫伯特·马尔库塞.单向度的人［M］.刘继，译.上海：上海译文出版社，
2007：5–11.

［42］李弘祺.学以为己：传统中国的教育［M］.上海：华东师范大学出版社，
2017：14.

［43］王晓东.西方哲学主体间性理论批判［M］.北京：中国社会科学出版社，
2004：223.

［44］陈丽鸿，孙大勇.中国生态文明教育理论与实践［M］.北京：中央编译出版
社，2009：33.

［45］马克思.1844年经济学哲学手稿［M］.北京：人民出版社，2000：56–57.

［46］冯建军.当代主体教育论——走向类主体的教育［M］.南京：江苏教育出版
社，2004：65.

［47］余谋昌.生态哲学［M］.西安：陕西人民教育出版社，2000：47.

［48］柏拉图.普罗泰戈拉篇［M］//柏拉图柏拉图全集.王晓朝，译.北京：人民
出版社，2002：427.

［49］朱熹.四书章句集注［M］.北京：中华书局，1983：55.

［50］程颢，程颐.二程集［M］.北京：中华书局，2004：252.

［51］杨伯峻.论语译注［M］.北京：中华书局，2006：72.

［52］佘正荣：生态智慧论［M］.北京：中国社会科学出版社，1996：41.

［53］马克思.政治经济学批判导言［C］//马克思、恩格斯马克思恩格斯选集
［M］：第2卷.北京：人民出版社，1972：113.

［54］任友群.建构主义学习理论的认识论基础［C］//高文，徐斌艳，吴刚.建构

主义教育研究［M］，北京：教育科学出版社，2008：15.

［55］胡适.中国哲学史大纲［M］.肖伊绯，整理.桂林：广西师范大学出版社，2013.

［56］张奎明.建构主义视域下的教师专业发展研究［M］.北京：北京师范大学出版社，2017.

［57］刘擎.西方现代思想史讲义［M］.北京：新星出版社，2021.

［58］马克斯·韦伯.新教伦理与资本主义精神［M］.马奇炎，陈婧，译.北京：北京大学出版社，2023.

［59］维特根斯坦.逻辑哲学论［M］.贺绍甲，译.北京：商务印书馆，1994.

［60］亚当·斯密.国富论［M］.高格，译.北京：中国华侨出版社，2024.

［61］弗朗西斯·福山.历史的终结与最后的人［M］.陈高华，译，孟凡礼，校.桂林：广西师范大学出版社，2014.

［62］门佳璇.“生态教育”的路径探析［D］.长春：吉林大学哲学社会学院，2018.

［63］杨哲.论古希腊的理性主义思想［D］.荆州：长江大学马克思主义学院，2012.

［64］张桂春.激进建构主义教学思想研究［D］.博士论文.上海：华东师范大学比较教育学，2002.

［65］李欧.激进建构主义教育观研究［D］.长春：东北师范大学，2006.

［66］马成燕.信息加工理论在高中生物课堂教学中的应用［D］.金华：浙江师范大学，2015.

［67］马丽云.体验式教学在第二语言教学中的应用研究［D］.济南：山东大学，2011.

［68］徐建华.共建式高校课堂生态环境研究［D］.博士论文，哈尔滨：哈尔滨师范大学，2016.

［69］杜亚丽.中小学生态课堂的理论与实践研究［D］.长春：东北师范大学，2011.

［70］李红丽.地矿类专业大学生生态道德教育研究［D］.北京：中国地质大学，

2014.

［71］焦君瑞.生态课堂中的高效率教学研究［D］.重庆：西南大学，2009.

［72］杨顺华，钱兆华.科学创新中的文化因素探讨［J］.江苏科技大学学报（社会科学版），2007，7（3）：6–10.

［73］彭立威.论生态人格——生态文明的人格目标诉求［J］.教育研究，2012，392（9）：21–26.

［74］李步楼.理性主义与非理性主义［J］.江汉论坛，1995（6）：62–66.

［75］杨东.生态教育的必要性及目标与途径［J］.中国教育学刊，1992（4）：38–39.

［76］邢永富.世界教育的生态化趋势与中国教育的战略选择［J］.北京师范大学学报（社会科学版），1997（4）：70–77.

［77］方创琳.论生态教育［J］.中国教育学刊，1993（5）：23–25.

［78］马歆静.生态化与可持续发展——现代教育发展的必然［J］.教育理论与实践，1998（5）：2–7.

［79］周海瑛.关于生态教育和培养问题的思考［J］.黑龙江高教研究，2002（3）：111–113.

［80］丰子义.生态文明的人学思考［J］.山东社会科学，2010，179（7）：5–10.

［81］杨顺华，杨海濒.教育基本价值探讨［J］.扬州大学学报（高教研究版），2005，9（6）：14–17.

［82］周龙军.略论高校人文教育［J］.江苏大学学报（社会科学版），2000（3）：44–47.

［83］杨顺华，杨海濒.生态价值——教育之基本追求［J］.教育评论，2006（6）：11–14.

［84］干成俊.近代认识论的螺旋式发展［J］.淮北煤师院学报（社会科学版），1998（4）：32–35.

［85］李淑英.评叔本华的意志本体论［J］.中国人民大学学报，1990（2）：48–54.

［86］杨顺华，杨海濒.非理性主义与教育生态价值的回归［J］.教育评论，2009（5）：13–15。

［87］高文.建构主义研究的哲学与心理学基础［J］.全球教育展望，2001（1）：3-9.

［88］刘儒德.论建构主义学习迁移观［J］.北京师范大学学报（人文社会科学版），2001（4）：109-111

［89］何克抗.新型建构主义理论［J］.中国教育科学，2021，4（1）：14-29.

［90］任友群.建构主义学习理论的哲学社会学源流［J］.全球教育展望，2002（11）：15-19.

［91］高文，王海燕.抛锚式教学模式（一)[J].外国教育资料，1998（3）：68-71.

［92］张良.从表征主义到生成主义［J］.中国教育科学，2019，2（1）：110-120.

［93］向阳辉，吴庆华，李国锋.建构主义视阈下高校课堂教学的共生模式探索［J］.教育理论与实践，2022，42（09）：46-50.

［94］罗琴，么加利.人工智能时代研究生知识观的异化与重塑［J］.研究生教育研究，2022（1）：30-37.

［95］谭敬德，陈清.建构主文学习理论的认识论特征分析［J］.现代教育技术，2005，15（6）：10-13.

［96］徐斌艳.激进建构主义视域下科学教育［J］.全球教育展望，2002，31（11）：20-24.

［97］阎光才.教育过程中知识的公共性与教育实践——兼批激进建构主义的教育观和课程观［J］.北京大学教育评论，2005（02）：52-58.

［98］于奇智.法国理性主义认识论的思想图景［J］.中国社会科学，2023（07）：115-137+206-207.

［99］谭敬德，徐福荫.乔纳森建构主义的认识论特征分析及其对教学设计发展的影响［J］.现代教育技术，2006（01）：13-15+68.

［100］于蕾，陈卫东，李竞芊.高校生态文明教育多向度影响路径研究［J］.重庆大学学报（社会科学版），2021，27（02）：264-277.

［101］贾君枝，崔西燕.多元认识论协调下的知识组织系统构建［J］.情报理论与实践，2024，47（03）：163-169+176.

［102］陈时见，邵佰东.生态文明教育的公共价值及培育路径［J］.现代教育管

理，2024（09）：1–10.

［103］蒋笃君，田慧．我国生态文明教育的内涵、现状与创新［J］.学习与探索，2021（01）：68–73.

［104］陈文旭，刘涵．卢卡奇论"认识论的贵族主义"［J］.河南社会科学，2022，30（05）：75–82.

［105］陈时见，邵佰东．生态文明教育的理论向度与实践方略［J］.中国远程教育，2024，44（03）：3–12.

［106］袁征，杨可．理性、非理性与学校教育［J］.教育发展研究，2021，41（18）：23–28.

［107］张家华，张剑平．学习过程信息加工模型的演变与思考［J］.电化教育研究，2011，213（01）：40–43.

［108］陈时见，刘雅琪．全球生态文明教育研究的主要进展与发展趋势［J］.西北师大学报（社会科学版），2024，61（05）：81–90.

［109］吴增强．论有效教学的心理学支持——信息加工学习论的启示［J］.教育发展研究，2011（4）：39–42.

［110］王素芬，陈露露，杜明等．学习者认知风格、教学模式及课程特征对学习者认知信息加工过程的影响［J］.东华大学学报（自然科学版），2018，44（03）：437–447.

［111］张建伟，陈琦．从认知主义到建构主义［J］.北京师范大学学报（社会科学版），1996（04）：75–82+108.

［112］王沛，康廷虎．建构主义学习理论述评［J］.教师教育研究，2004（05）：17–21.

［113］谭顶良，王华容．建构主义学习理论的困惑［J］.南京师大学报（社会科学版），2005（06）：103–107.

［114］袁振国．教育规律与教育规律研究［J］.华东师范大学学报（教育科学版），2020，38（09）：1–15.

［115］刘焕明，张祖辽．"康德式"建构主义：基于"程序"和"契约"的解读［J］.北京大学学报（哲学社会科学版），2023，60（03）：19–28.

［116］薛国凤，王亚晖．当代西方建构主义教学理论评析［J］.高等教育研究，2003（01）：95–99.

［117］张红军．学理之争抑或时代精神之争——评拜泽尔《狄奥提玛的孩子们——从莱布尼茨到莱辛的德国审美理性主义》［J］.文艺研究，2021（02）：145–156.

［118］包大为．论马克思主义与建构主义的辩证关系［J］.现代哲学，2022（06）：21–29.

［119］赵泽林．理性主义与经验主义：人工智能的哲学分析［J］.系统科学学报，2018，26（04）：11–15.

［120］金丽铃．基于生态正义理念的生态文明教育路径探究［J］.学校党建与思想教育，2024（20）：47–49.

［121］许锋华，闫领楠．基于生态正义的生态文明教育变革研究［J］.现代教育管理，2023（06）：40–49.

［122］郭文刚，刘永杰，潘临灵．基于德育共同体的高校创新创业教育生态系统构建［J］.思想教育研究，2024（10）：133–138.

［123］吕林海，高文．走出建构主义思想之惑——从两个方面正确把握建构主义理论及其教育意蕴［J］.电化教育研究，2007，174（10）：31–35.

［124］胡健，杨建国．高校生态文明教育的现实之困与化解之路［J］.中国高等教育，2019（22）：49–50.

［125］黄凌梅，钟秉林．建构主义视域下实习辅助课的启示［J］.中国大学教学，2020，358（06）：64–69+81.

［126］马翔．非理性主义与科学思维的合流——19世纪唯美主义思潮新解［J］.浙江学刊，2023（02）：201–208.

［127］侯利军，付书朋．高校生态文明教育研究［J］.学校党建与思想教育，2019（14）：62–64.

［128］杜亚丽．关于生态与生态课堂的解读［J］.现代教育科学，2009（02）：15–17

［129］冯建军．从环境教育到类主体教育：解决生态问题的教育探索［J］.教育发展研究，2019，39（12）：19–24.

［130］赵秀芳，苏宝梅．生态文明视域下高校生态教育的思考［J］.中国高教研

究，2011（04）：66–68.

[131] 代玉民. 新理学与实用主义 [J]. 中国哲学史，2020（06）：122–128.

[132] 李兴洲，耿悦. 从生存到可持续发展：终身学习理念嬗变研究——基于联合国教科文组织的报告 [J]. 清华大学教育研究，2017，38（01）：94–100.

[133] 温志嵩. 新时代高校生态文明教育的逻辑转向及路径选择 [J]. 高教论坛，2020，249（07）：18–23.

[134] 崔乃文，李梦云. 困境与出路："以学生为中心"的本科教学改革何以可能 [J]. 现代大学教育，2017（04）：97–103+113.

[135] 李祥. 基于建构主义理论提升学生综合思维能力的教学研究 [J]. 地理教学，2018（11）：36–38+35.

[136] 徐锦芬. 教育家精神引领下以学生为中心和谐师生关系的构建 [J]. 当代外语研究，2024（04）：5–15+193.

[137] 张涛，代钦，李春兰. 数学教学视域下理解与应用皮亚杰建构主义理论 [J]. 数学教育学报，2024，33（03）：96–102.

[138] 白倩，刘和海，李艺. "胡塞尔—皮亚杰"认识论框架中的建构主义思想追溯 [J]. 电化教育研究，2023，44（10）：11–17.

[139] 杨建国，章婷玉，孙雪峰. 论高校生态文明教育中的偏差及其矫正 [J]. 中国农业教育，2022，23（05）：62–70.

[140] 黄娟，贺青春，黄丹. 高校思想政治教育课程开发利用生态文明教育资源的思考 [J]. 高等教育研究，2010，31（12）：77–81.

[141] 曲海燕. 和谐校园文化——大学生生态文明教育的有效载体 [J]. 成人教育，2011，31（02）：40–41.

[142] 曾祥跃. 网络远程教育生态系统结构及模型研究 [J]. 电化教育研究，2011，221（09）：45–50.

[143] 张立新，秦丹. 生态化网络课程中知识转化机制与方法研究 [J]. 电化教育研究，2014，35（05）：70–75.

[144] 王涛. 网络学习平台生态指数开放评价模型研究 [J]. 开放教育研究，2015，21（03）：81–89.

［145］张洁，罗尧成.建构主义的知识特性及其对研究生教育课程体系改革的启示［J］.中国高教研究，2005（12）：44–46.

［146］向阳辉，吴庆华，李国锋.建构主义视阈下高校课堂教学的共生模式探索［J］.教育理论与实践，2022，42（09）：46–50.

［147］樊改霞.建构主义教育理论在中国的发展及其影响［J］.西北师大学报（社会科学版），2022，59（03）：87–95.

［148］何克抗.新型建构主义理论——中国学者对西方建构主义的批判吸收与创新发展［J］.中国教育科学（中英文），2021，4（01）：14–29.

［149］臧玲玲，季波.如何基于"以学生为中心"重构高等教育生态系统——欧洲的经验与启示［J］.教育发展研究，2024，44（17）：10–17.

［150］陈时见，邵佰东.生态文明教育的公共价值及培育路径［J］.现代教育管理，2024（09）：1–10.

［151］黄明东，黄炳超，阿里木·买提热依木.建构主义视角下高校"三位一体"协同教学模式的重构［J］.教育理论与实践，2021，41（12）：43–47.

［152］郑红娜.从建构主义到社会实在：知识教学的反思与重构［J］.当代教育科学，2022（02）：33–40.

［153］钟世文.实践视角下的行动理由：建构主义的元伦理学立场［J］.哲学研究，2023（06）：118–125.

［154］李春兰，董乔生，张建国.建构主义知识观视角下反思性学习的困境与突破［J］.教学与管理，2020（09）：14–16.

［155］徐刘杰，陈世灯.学习者知识建构的社会认知网络［J］.开放教育研究，2017，23（05）：102–112.

［156］金德楠.思想政治教育过程理性主义原则刍论［J］.教学与研究，2022，（01）：109–116.

［157］张铁云，张昆.作为非理性的偏见何以可能——理性主义的偏好及其对西方跨文化传播的影响［J］.中州学刊，2022（08）：161–167.

［158］李其龙.康德的建构主义思想及其对教育的影响［J］.湖南师范大学教育科学学报，2024，23（03）：1–4.

［159］刘焕明，张祖辽．"康德式"建构主义：基于"程序"和"契约"的解读［J］.北京大学学报（哲学社会科学版），2023，60（03）：19–28.

［160］樊改霞．建构主义教育理论在中国的发展及其影响［J］.西北师大报（社会科学版），2022，59（03）：87–95.

［161］郑红娜．从建构主义到社会实在：知识教学的反思与重构［J］.当代教育科学，2022，（02）：33–40.

［162］吴朝宁，楚江亭．理性主义、建构主义与教师教学专长研究——基于批评的语境经验主义的探讨［J］.国家教育行政学院学报，2020，（08）：34–41.

［163］蔡剑桥．理性主义与实用主义：西方两种导向的研究生培养目标溯源［J］.学位与研究生教育，2021（11）：87–93.

［164］杨国荣．天人共美：一种生态的理念［N］.文汇报，2013-12-09（4）.

［165］国家环保局．第三次全国环境保护会议文件汇编［G］.北京：中国环境科学出版社，1989：11.

［166］胡锦涛．坚定不移沿着中国特色社会主义道路前进　为全面建成小康社会而奋斗——在中国共产党第十八次全国代表大会上的报告［EB/OL］.（2012-11-13）［2024-03-15］.https://www.gov.cn/ldhd/2012-11/17/content_2268826.htm

［167］习近平．高举中国特色社会主义伟大旗帜为全面建设社会主义现代化国家而团结奋斗——在中国共产党第二十次全国代表大会上的报告［EB/OL］.（2024-01-19）［2024-03-15］.https://finance.sina.cn/2024-01-19/detail-inaczvhe0785584.d.html

［168］60岁以上人口占全国人口超过两成！专家：中国正式步入中度老龄社会［EB/OL］.（2024-01-19）［2024-03-15］.https://finance.sina.cn/2024-01-19/detail-inaczvhe0785584.d.html

［169］中央政治局集体学习，新质生产力是啥"力"？［EB/OL］.（2024-02-02）［2024-03-15］.https://baijiahao.baidu.com/s?id=1789701974744210001&wfr=spider&for=pc

［170］邓晓芒．西方哲学史中的理性主义和非理性主义［EB/OL］.（2024-01-24）［2024-05-18］.https://baijiahao.baidu.com/s?id=1788757024613090084&wfr=spider&for=pc

［171］人本主义心理学．［EB/OL］.（2023-05-26）［2024-06-08］.https://baike.baidu.com/item/%E4%BA%BA%E6%9C%AC%E4%B8%BB%E4%B9%89%E5%BF%83%E7%90

%86%E5%AD%A6/673687?fr=ge_ala

［172］JOHN P. A Dictionary of Continental Philosophy [M]. New Haven: Yale University Press, 2006: 169–170.

［173］FRASER B J. Classroom Environment [M]. London: Croom Helm, 1986: 1–70.

［174］EVAN T, THOMPSON. Mind in Life: Biology, Phenomenology, and the Science of Mind [M]. Cambridge: Harvard University Press, 2007: 13–14.

［175］HEIN E G. Constructivist Learning Theory [C]. CECA Conference, 1991.

［176］WERTHCS J V, TOMA C. Discourse and Learning in the Classroom: A Sociocultural Approach. Steffe, L. P. Constructivism in Education [C]. HILLSDAIE, NJ: Lawrence Erlbaum, 1995.

［177］CARIANI P. Onwards and Upwards, Radical Constructivism: A Guest Commentary [J]. Constructivist Foundations, 2010, 6 (2): 127–132.

［178］BOWERS J. Radical constructivism: A Theory of Individual and Collective change? [J] Constructivist Foundations, 2014, 9 (3): 310.

［179］GUEY C C, TALLEY P C, HUANG L J. A Translation Instruction Model from Behaviorism, Cognitivism, Social Constructivism and Humanism [J]. Arab World English Journal, 2011 (2): 70

［180］TAYLOR P C, FRASER B J, FISHER D L, Monitoring Constructivist Classroom Learning Environments [J]. International Journal of Educational Research, 1997, 27 (4): 293–302.

［181］RENJUN Y, ROLA A. College Students Ecological Environment Moral Education From the Perspective of Ecological Civilization [J]. International Journal of Web-Based Learning and Teaching Technologies, 2024, 19 (1): 1–12.

［182］DIN F S, WHEATLEY F W. A Literature Review of the Student-centered Teaching Approach: National implications [J]. National Forum of Teacher Education Journal, 2007, 17 (3): 1–17.

［183］GUO Y. The Opposition and Integration of Rationalism and Empiricism: From Descartes to Kant [J]. Journal of Arts, Society, and Education Studies, 2024, 6 (1): 216–276.

［184］KERN A. The wonder of being: Varieties of rationalism and its critique [J]. European Journal of Philosophy, 2024, 32 (3): 937–948.

［185］SAMUEL E P. Cartesian intuition [J]. British Journal for the History of Philosophy, 2023, 31 (4): 693–723.

［186］BOCCONI S, TRENTIN G. Modelling Blended Solutions for Higher Education: Teaching, Learning, and Assessment in the Network and Mobile Technology Era [J]. Educational Research & Evaluation, 2014, 20 (7): 516–535.

［187］MASOUD A M. Critical Rationalism: An Epistemological Critique [J]. Foundations of Science, 2022, 28 (3): 809–840.

［188］GREENO J G, MOORE J L.Situativity and Symbols: Response to Vera and Simon [J]. Cognitive Science, 2010, 17 (1): 49–59.

［189］TENNIS J T. Epistemology, Theory, and Methodology in Knowledge Organization: Toward a Classification, Metatheory, and Research Framework [J]. Knowledge Organization, 2008, 35 (2): 102–112.

［190］MACHADO L M O, MARTINEZ-AVILA D, DE MELO SIMOES M G. Concept Theory in Library and Information Science: an Epistemological Analysis [J]. Journal of Documentation, 2019, 75 (4): 876–891.

［191］FRIEDMAN A, THELLEFSEN M. Concept Theory and Semiotics in Knowledge Organization [J]. Journal of Documentation, 2011, 67 (4): 644–674.

图书在版编目(CIP)数据

生态教育理论体系的构建及实施研究 / 杨顺华等著.
上海 : 上海三联书店, 2024. 12. -- ISBN 978-7-5426
-8759-3

Ⅰ. X321.2

中国国家版本馆 CIP 数据核字第 2024Z3K506 号

生态教育理论体系的构建及实施研究

著　　者 / 杨顺华　韩雪丽　杨海濒　万　超

责任编辑 / 殷亚平
装帧设计 / 徐　徐
监　　制 / 姚　军
责任校对 / 王凌霄

出版发行 / 上海三联书店
　　　　　 (200041)中国上海市静安区威海路 755 号 30 楼
邮　　箱 / sdxsanlian@sina.com
联系电话 / 编辑部：021 - 22895517
　　　　　 发行部：021 - 22895559
印　　刷 / 上海惠敦印务科技有限公司

版　　次 / 2024 年 12 月第 1 版
印　　次 / 2024 年 12 月第 1 次印刷
开　　本 / 710 mm × 1000 mm　1/16
字　　数 / 250 千字
印　　张 / 17.75
书　　号 / ISBN 978 - 7 - 5426 - 8759 - 3/X・7
定　　价 / 98.00 元

敬启读者,如发现本书有印装质量问题,请与印刷厂联系 13917066329